JN087294

日米開戦と海軍の将兵たち

山本五十六と真珠湾攻撃

川口素生

はじめに

本書はさまざまなかたちで真珠湾攻撃に関わった、日本海軍の軍人たちの列伝である。よく知られているように、昭和十六年（一九四一）十二月八日の早朝（現地時間は七日）、淵田美津雄を総隊長とする第一航空艦隊の攻撃隊（三五〇機）が、ハワイ・オアフ島の真珠湾に停泊していたアメリカ海軍の艦艇、および周辺の軍事施設を奇襲し、未曾有の大戦果をあげた。本年の十二月八日は真珠湾攻撃からちょうど八十年に当たる。

そこで、本書では真珠湾攻撃の発案者である連合艦隊司令長官の山本五十六はもちろん、作戦立案、遂行に深く関わった南雲忠一、草鹿龍之介、大西瀧治郎、山口多聞、源田実などを取り上げた。また、有名な提督、佐官だけでなく、被弾後に自爆した飯田房太、離島へ不時着後に悲劇的な最期を遂げた西開地重徳、そして特殊潜航艇「甲標的」で出撃後にはからずも敵方の捕虜となった酒巻和男といった若者たちも取り上げている。

さらに、連合艦隊だけでなく、当初は真珠湾攻撃作戦に反対していた福留繁、軍事スパイとなって真珠湾の太平洋艦隊を監視した吉川猛夫（変名・森村正）、関連兵器の開発、改良に関わった愛甲文雄、岸本鹿子治といった軍令部や予備役の将兵なども取り上げた。

なお、本書の執筆に際しては、防衛省防衛研究所、航空自衛隊岐阜基地、全国の神社、図書館、資料館の方々にお世話になった。わけても、西開地良忠氏、奥様には大変お世話になった。また、岸本義久氏、小出文彦氏、高梨修氏、次田圭介氏、奥様、難波俊成氏、西村仁宏氏（橿原市立畝傍南小学校校長）から貴重な御教示をいただいた（以上、五十音順）。さらに、本書の出版に際しては、株式会社ベストブックの向井弘樹氏にお世話になった。

末筆ながら、お世話になった方々に衷心から御礼を申し上げる次第である。

令和三年春

川口素生

【凡例】

・生没年、役職名、在職期間などに異説のある人物がいるが、これらについては主に『日本海軍史』〔第九巻〕、及び〔第十巻〕の「将官履歴」に従った。また、年齢は満年齢で記した。

・オアフ島の真珠湾、ミッドウェー島は日本と時差がある。たとえば、真珠湾攻撃の当日は日本時間では十二月八日だが、現地時間では七日になる。しかし、本書では時間は原則として日本時間を用いた。ただし、オアフ島で監視活動に従事した吉川猛夫（よしかわたけお）（変名・森村正）、同島やニイハウ島へ上陸した西開地重徳（にしかいちしげのり）、酒巻和男の項では、現地時間を用いた部分もある。無論、現地時間の場合はその旨を注記した。

・ミッドウェーとミッドウェイ、ウェーキ島とウェーク島など表記に複数の説がある地名に関しては、関係者の戦後の著作の表記を勘案してミッドウェー、ウェーキ島とした。

・経歴欄の「開戦時の階級」は、太平洋戦争の開戦（真珠湾攻撃）当時の階級を記した。本書で取り上げた二〇人については開戦前、開戦後の階級の進級にも若干触れたが、経過的に登場する人物については階級の進級を細かく追っていない。たとえば、戦後、直木賞作家となる豊田穣は開戦時は海軍少尉だったので終始、豊田穣海軍少尉と記した。

目　次

第2章　作戦の立案などに関わった連合艦隊の幕僚たち

第3章　攻撃兵器の改良、生産、訓練に尽力した将官たち

第4章　艦隊や戦隊の名指揮官、名参謀たち

第5章　「世紀の奇襲」を成功させた海鷲たち

第6章　運命に翻弄された不運な若武者たち

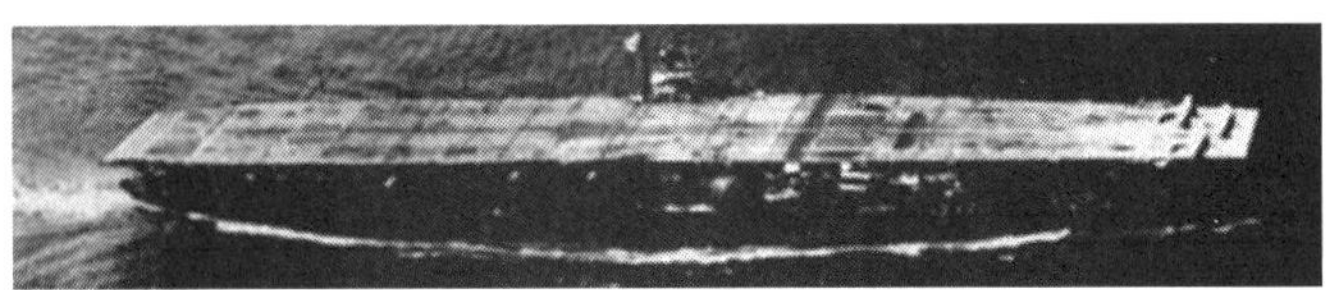

「赤城」

「加賀」

「飛龍」

「蒼龍」

「翔鶴」

「瑞鶴」

（出典：『ハワイ作戦』〔戦史叢書 10〕防衛研究所ホームページより）

真珠湾攻撃に参加した空母と艦載機

零式艦上戦闘機（零戦）

九九式艦上爆撃機（九九式艦爆）

九七式艦上攻撃機（九七式艦攻）

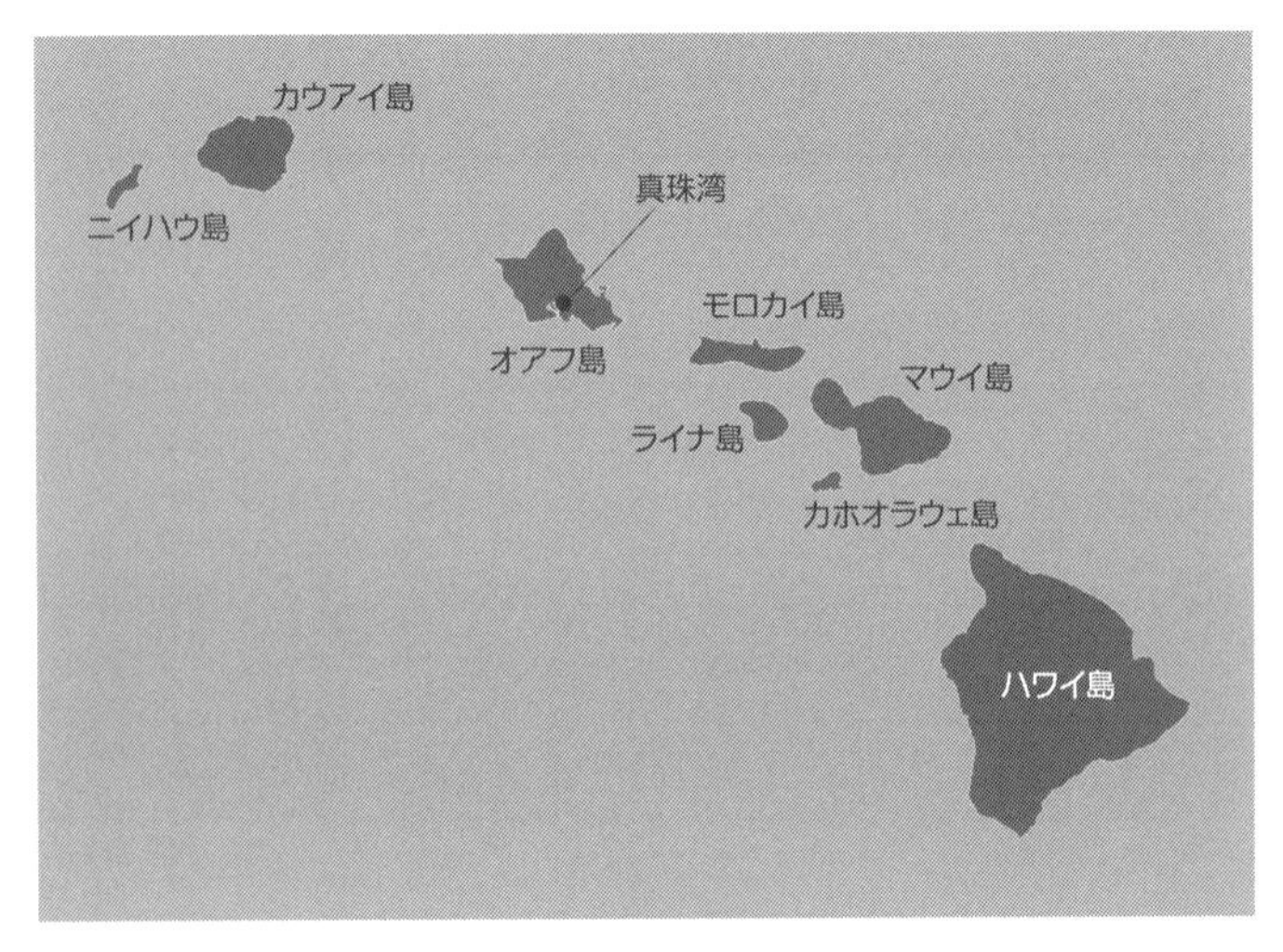

ハワイ諸島

第1章　山本五十六と真珠湾攻撃

山本五十六（いそろく）　真珠湾攻撃を発案した連合艦隊司令長官

生没年＝明治十七年（一八八四）〜昭和十八年（一九四三）。出身地＝新潟県。卒業年次＝海軍兵学校第三十二期、海軍大学校（甲種）第十四期。開戦時の階級＝海軍大将。開戦時の配置＝連合艦隊司令長官兼第一艦隊司令長官。

●国際経験をかわれて海軍次官へ就任

日本海軍の提督の中では東郷平八郎元帥（げんすい）（海軍大将）とともに知名度の高い提督で、真珠湾攻撃というとこの人物の名を連想する向きも少なくない。真珠湾攻撃については本章の中盤以降で触れることとして、ここではまずその経歴について触れることにしよう。

山本五十六は明治十七年（一八八四）に高野貞吉・峯子夫妻の六男として現在の新潟県長岡市で出生する。この時、父は五十六歳、母は四十五歳であったため、五十六と命名される。なお、高野家は越後長岡藩の藩士の家柄だが、後に旧藩主家の牧野忠篤（ただあつ）の勧めにより同藩家老・山本帯刀義路（たてわきよしみち）

の名跡を継いで山本姓となった。帯刀は戊辰戦争で活躍後に斬られた人物で、この帯刀の家は武田信玄の軍師・山本勘助の弟の子孫であるという。

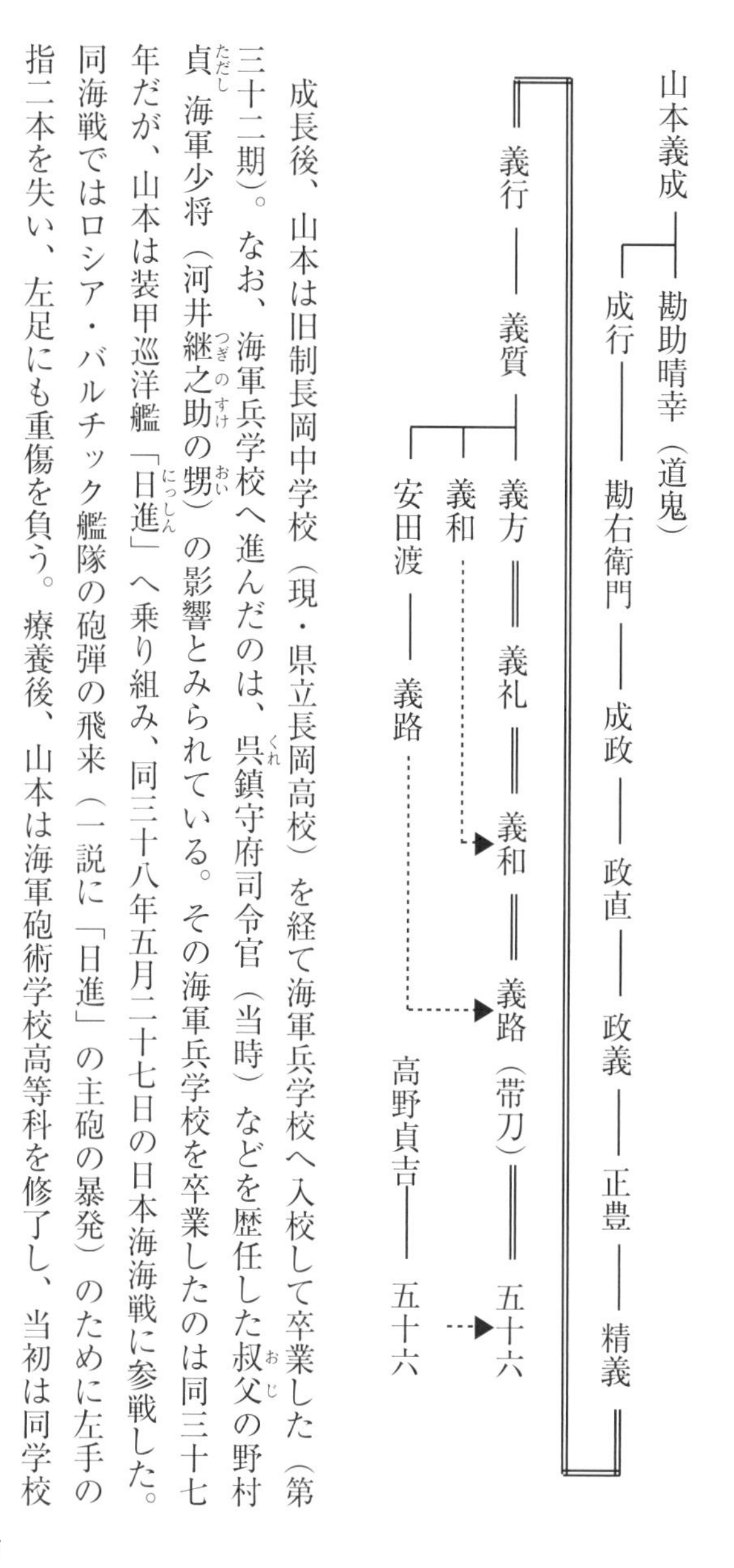

成長後、山本は旧制長岡中学校（現・県立長岡高校）を経て海軍兵学校へ入校して卒業した（第三十二期）。なお、海軍兵学校へ進んだのは、呉鎮守府司令官（当時）などを歴任した叔父の野村貞海軍少将（河井継之助の甥）の影響とみられている。その海軍兵学校を卒業したのは同三十七年だが、山本は装甲巡洋艦「日進」へ乗り組み、同三十八年五月二十七日の日本海海戦に参戦した。同海戦ではロシア・バルチック艦隊の砲弾の飛来（一説に「日進」の主砲の暴発）のために左手の指二本を失い、左足にも重傷を負う。療養後、山本は海軍砲術学校高等科を修了し、当初は同学校

教官、防護巡洋艦「新高（にいたか）」砲術長などの砲術畑の職を歴任した。

　その後、大正八年（一九一九）五月からアメリカのハーバード大学へ二年間留学し、また同十二年から同十三年にかけては欧米各国に出張した。さらに、以後も委員な

山本五十六
（出典：『ハワイ作戦〔戦史叢書 10〕』）

海軍兵学校講堂（現：海上自衛隊第 1 術科学校大講堂）
（出典：海上自衛隊第 1 術科学校ホームページ）

どとして国際会議にたびたび出席するなど、海外通、米国通として日本海軍の中で頭角を現す。

次いで、山本は同十三年九月に霞ヶ浦航空隊付となって、航空の分野へ足を踏み入れる。以後、同航空隊副長、同航空隊副長兼教頭、軽巡洋艦「五十鈴（いすず）」艦長、空母「赤城」艦長、航空本部技術部長、航空本部長を歴任し、階級も海軍中将へ進級した。

この間、在アメリカ大使館付駐在武官、ロンドン軍縮会議専門委員などもつとめたが、そういった豊富な海外経験をかわれたのであろう。昭和十一年十二月には海軍大臣である永野修身（おさみ）海軍大将によって、海軍省のナンバー２（ツー）・海軍次官に据えられた。

さらに、同十二年二月に海軍大臣は米内光政（よないみつまさ）海軍大将に代わったが、山本は海軍次官に留任し、同十三年四月から十一月の間は航空本部長も兼任している。

ところで、この時期、中国大陸では同十二年七月に盧溝橋（ろこうきょう）事件が勃発（ぼっぱつ）して日中戦争が拡大の様相をみせ、日本海軍も八月の第二次上海（シャンハイ）事変へ攻撃隊を投入せざるを得なくなる。

また、十二月には日本海軍の攻撃隊がアメリカ海軍の砲艦（ほうかん）「パネー（パナイ）号」を誤爆する「パネー

米内光政
（出典：『大本営海軍部 大東亜戦争開戦経緯 <2>』〔戦史叢書 101〕）

号事件」も発生した（185頁「村田重治」の項参照）。この時、山本は事件の経過を細大漏らさず調査し、駐日アメリカ大使に謝罪して鎮静化に成功している。

さらに、この時期には日本陸軍、外務省が「日独伊三国同盟を締結すべき」と強硬に主張していたが、海軍大臣の米内、海軍次官の山本、海軍省のナンバー3（スリー）である軍務局長の井上成美（しげよし）海軍少将の三人（「海軍省良識派三羽烏（さんばがらす）」）は同盟締結に強く反対した。やがて、山本の暗殺計画の噂が流れるなどしたため、山本は遺書をしたためている。一方、

「このまま山本を東京に置いておくと、本当に暗殺されてしまう」

と考えた米内は、同十四年八月、山本を連合艦隊司令長官に任命した。これを受けて、山本は東京を離れ、瀬戸内海・柱島沖（はしらじまおき）に停泊していた連合艦隊の旗艦である軍艦「長門（ながと）」へ着任する。次いで、十一月、山本は海軍大将へ進級した。

●真珠湾作戦の立案から承認まで

同十四年八月当時の日本海軍の連合艦隊は、「長門」など戦艦一〇隻、「赤城」など空母六隻を含む多数の艦艇、航空機が所属するという強力な部隊であった。なお、万一、外交交渉が決裂して日米開戦にいたった場合、連合艦隊を率いていかにしてアメリカなどと戦うかというのが、当時の連

合艦隊司令長官に課せられた最大の使命である。この頃、山本は当時の総理大臣・近衛文麿（このえふみまろ）などから対米戦略について問われている。この時、山本は、

「半年や一年は暴れるだけ暴れるが、それ以降は自信がない」

という意味の発言をしたとされている。海軍軍人の中でも特に米国通の山本は、アメリカ滞在中にデトロイトの自動車工場などを見学し、アメリカの国力、軍事力が侮（あなど）り難（がた）いことを熟知していた。

だからこそ、山本は、

「開戦後にアメリカ軍に可

戦艦「長門」の副錨（愛知県岡崎市・東公園）

戦艦「長門」
（出典：『海軍捷号作戦 <2>』〔戦史叢書 56〕）

能な限り大打撃を与えた上で、早期に講和へ持ち込むべき」

という強い信念を持っていた。また、そのためには、

「日米開戦の劈頭、絶対に真珠湾攻撃を成功させなければならない」

という強い信念も持っていたのである。もともと、山本は昭和のはじめ頃から海軍水雷学校などで真珠湾攻撃の必要性を説いていたというが、航空機による爆撃が功を奏した同十五年三月の連合艦隊の軍事演習の際、当時の参謀長・福留繁海軍少将に向かい、

「あれ（＝航空機）で真珠湾をやれないか（＝攻撃できないか）？」

と尋ねたという。ところで、真珠湾攻撃は日本海軍の将兵らの常識を遥かに超える奇抜な作戦だが、アメリカ陸軍のウィリアム・ミッチェル退役陸軍准将、イギリスのジャーナリスト、軍事作家（軍事スパイ）のヘクター・バイウォーター、日本陸軍の佐藤鋼次郎陸軍中将（予備役）、評論家の池崎忠孝らは大正時代末期から昭和時代初期に講演、著作などで太平洋戦争の勃発を予測しており、中でもミッチェルは「日米開戦後に日本がハワイを攻める」とも予測していた。また、同十五年十一月十二日の未明（攻撃隊の発進は十一日夜）の「タラント空襲」では、空母から発進したイギリス海軍の旧式艦上攻撃機二一機が、イタリア海軍の戦艦三隻を沈没させた。

山本が以上の軍人、評論家の講演、著作や、「タラント空襲」から真珠湾攻撃の着想を得た可能性が低くはないように思われる。

次いで、山本の強い意向に沿うかたちで同十六年四月に「世界最初の機動部隊」である第一航空艦隊が編成された。同艦隊の司令長官には南雲忠一海軍中将、参謀長には草鹿龍之介海軍少将が据えられている。

これより先の一月、山本は航空のオーソリティーで、第十一航空艦隊の参謀長である大西瀧治郎海軍少将に真珠湾作戦の構想を伝え、大西に素案を作成するように命じていた。この時、大西は作戦そのものが危険

ミッドウェー海戦当時の連合艦隊司令部要員
後列左から福崎昇（副官）、有馬高泰（水雷）、市吉聖美（補給）、１人おいて和田雄四郎（通信）、永田茂（航海）、福地誠夫（海軍省副官）、新宮等（暗号長）
中列左から渡辺安次（戦務）、磯部太郎（機関）、藤井茂（渉外）、山本親雄（航空本部総務部第一課長）、三和義勇（作戦）、大田香苗（気象長）、佐々木彰（航空）
前列左から大松澤文平（主計長）、中村倍郎（機関長）、山本五十六（司令長官）、島田繁太郎（海軍大臣）、宇垣纏（参謀長）、今田以武生（軍医長）、黒島亀人（先任）
（出典：『ハワイ作戦』〔戦史叢書 10〕）

である上に、特に、
「アメリカの国土であるハワイを攻撃すべきではない」
という考えを持っていたため、作戦には反対であったという。しかし、大西が作成し、第一航空艦隊航空（甲）参謀の源田実海軍中佐が手直しした素案は山本に提出された。以後、真珠湾攻撃作戦の立案は、山本の手で連合艦隊の先任参謀・黒島亀人（かめと）海軍大佐、戦務参謀・渡辺安次（やすじ）海軍少佐らの手に委ねられている。一方、参謀長の宇垣纏（うがきまとめ）海軍少将は八月の着任当初から「蚊帳（かや）の外」に置かれており、作戦参謀の三和義勇（よしたけ）海軍大佐は十一月の着任であるため、作戦立案にはほとんど関与していない（83頁「宇垣纏」の項参照）。

なお、山本は作戦立案を命じるだけで、出来上がった作戦計画を細部にわたるまでチェックしたり、作戦終了後、作戦の不備、遂行（すいこう）に当たった部隊の怠慢（たいまん）、失策を調査、研究するという作業に本腰を入れていなかった感が否（いな）めない。たとえば、同十七年六月のミッドウェー海戦での大敗を防げなかったのも、かかる山本の手法に重大な欠陥があった可能性がある。

同十六年初夏、南雲、草鹿、第十一航空艦隊司令長官の塚原二四三（にしぞう）海軍中将は真珠湾攻撃作戦を知るが、大西を含めて四人全員が真珠湾攻撃作戦に反対だった。

このため、十月三日には草鹿と大西が山本のもとへ出向き、南雲、塚原の両長官が反対しており、自分たちも同意見である点を伝える。しかし、山本は耳を傾けず、

「真珠湾攻撃は必ずやる。困難はあるだろうが、そのつもりで準備してもらいたい」

と告げ、さらに作戦に関しては草鹿に一任するとも言い添えた。また、山本は真珠湾攻撃作戦そのものと、空母六隻の投入に関して、日本海軍の軍令部へ側近の黒島を派遣している。案の定、軍令部第一部第一課長の富岡定俊海軍大佐、それに連合艦隊参謀長から第一部長へ異動していた福留は特に空母六隻の投入に難色を示すが、黒島が、

「作戦が承認されない場合は、山本長官は辞任する意向である」

と切り出すと、風向きが変わった。おそらく、辞任云々（うんぬん）というのは、山本が黒島に授けた秘策だったのだろう。いずれにしても、やがて軍令部総長の永野が、

「山本がそこまでいうのならば、やらせてみよう」

と口にして、真珠湾攻撃作戦そのものと、空母六隻投入を承認した（58頁「黒島亀人」、70頁「福留繁」などの項参照）。

●真珠湾攻撃での戦術とその訓練

これより先、第一航空艦隊では源田の強い意向に沿うかたちで、各地から九七式艦上攻撃機（九七式艦攻）の淵田美津雄（みつお）海軍少佐（開戦時、中佐）、島崎重和、村田重治、九九式艦上爆撃機（九九

式艦爆）の江草隆繁、高橋赫一、零式艦上戦闘機（零戦）の板谷茂の各海軍少佐や、進藤三郎海軍大尉といったベテランの搭乗員が、各空母の飛行隊長として引き抜かれた。中でも、淵田は全体の空中指揮官（総隊長）および第一次攻撃隊の隊長、島崎は第二次攻撃隊の隊長という大役に抜擢されている。八月以降、各空母の約四〇〇機の航空機と、八〇〇人近い搭乗員とは、九七式艦攻が水平爆撃隊と雷撃隊、九九式艦爆が急降下爆撃隊、零戦が制空隊といった具合に、機種、戦術ごとに九州各地の基地（航空隊）へ集められた。その上で、淵田の総指揮の下、連日、血の滲むような猛訓練を重ねている。

そういった猛訓練の段階で、戦術面で問題となったのは、

「水深が一二メートル程度という浅海面（浅い海面）の真珠湾で、雷撃（魚雷攻撃）は可能なのか？」

という点である。しかし、愛甲文雄海軍中佐らが考案した框板などを取り付け、村田率いる雷撃隊が適切な速度、高度を編み出したこともあり、真珠湾攻撃では村田らの四〇機が雷撃を行なっている（98頁「愛甲文雄」、185頁「村田重治」の項参照）。

以上とは別に、水上機（甲標的）母艦「千代田」艦長・原田覚海軍大佐が訓練を担当した特殊潜航艇「甲標的」五隻による特別攻撃隊も真珠湾攻撃に投入された。しかし、過半の艇は敵方によって撃沈され、座礁した艇の艇長・酒巻和男海軍少尉ははからずもアメリカ軍の捕虜となっている（104頁「原田覚」、224頁「酒巻和男」の項参照）。

そういえば、当初、真珠湾攻撃作戦、空母六隻投入に難色を示していた軍令部だが、軍令部員（嘱託）の吉川猛夫（変名・森村正）海軍少尉（予備役）を在ホノルル総領事館へ送り込み、軍事スパイとして太平洋艦隊の規模、真珠湾の艦艇の出入りなどを監視させた。吉川はこれを外務省を通じて軍令部へ報告し、真珠湾攻撃の作戦立案、遂行に多大な貢献をした（91頁「吉川猛夫（森村正）」の項参照）。

他にも、軍令部は横浜→ハワイ→サンフランシスコ間に就航していた日本の商船に北方航路の航行を命じたり、軍令部員を事務長に化けさせて吉川宛の密書を手渡すといった、スパイ映画さながらのことも行なわせている。前後したが、他国の軍艦、商船と遭遇する可能性が低い北方航路の航行で得られたデータは、真珠湾攻撃の際の第一航空艦隊の航行に活用された。

●未曾有の大戦果からミッドウェーの大敗

山本の命令に従い、南雲率いる第一航空艦隊を基幹とする部隊は十一月下旬に択捉島・単冠湾を出撃した。陣容は空母六隻、戦艦二隻、重巡洋艦二隻、軽巡洋艦一隻、駆逐艦九隻、潜水艦三隻、給油艦七隻で、他にハワイ周辺の監視活動を担当する潜水艦三〇隻前後、ミッドウェー砲撃を担当する駆逐艦二隻、給油艦一隻という大艦隊であった。

十二月二日、山本は南雲宛の無電「新高山登レ（にいたかやまのぼれ）一二〇八（ひとふたまるはち）（＝日本時間十二月八日に真珠湾を攻撃せよ）」を打電した。そして、十二月八日の早朝（現地時間は七日）、淵田らの第一次攻撃隊（一八三機）、島崎らの第二次攻撃隊（一六七機）がオアフ島の真珠湾と周囲の基地を奇襲した。具体的な戦術は、九七式艦攻が水平爆撃と雷撃、九九式艦爆が急降下爆撃、零戦が敵方の航空機の撃墜と地上の航空機、軍事施設の銃撃である。

真珠湾攻撃やミッドウェー海戦の細かい戦況の推移、戦果、損害に関しては第4章以降（120頁「南雲忠一」、166頁「淵田美津雄」などの項参照）に譲るが、幸いにも奇襲は成功し、第一航空艦隊はアメリカ海軍太平洋艦隊の戦艦五隻、標的艦一隻、工作艦一隻、敷設艦一隻を沈没、軽巡洋艦一隻、駆逐艦三隻を大破、戦艦一隻を中破などという未曾有の大戦果をあげることができた。しかし、南雲は第三戦隊司令官・三川軍一海軍中将からの反復攻撃の進言に耳を傾けていない。

なお、翻訳に手間取ったため、何とアメリカへの宣戦布告が真珠湾攻撃の後になってしまった。結果として宣戦布告の前にアメリカの国土（当時は準州）であるハワイを攻撃したかたちとなったことから、アメリカの政治家、軍人、それに国民は真珠湾攻撃を「騙（だま）し討（う）ち」と呼び、日本に対する敵愾心（てきがいしん）を募らせていく。

また、不運にも空母「エンタープライズ」と「レキシントン」は真珠湾におらず、後の海戦で第一航空艦隊をはじめとする連合艦隊の各艦を大いに苦しめることになる。

ともあれ、以後の第一航空艦隊は南方（東南アジア）からインド洋までの広範囲を転戦し、同十七年四月のインド洋作戦まで連戦連勝を収めた。

けれども、敵方はこの間の四月十八日にはアメリカ陸軍のＢ－25ミッチェル爆撃機を空母「ホーネット」から発進させるという「ドーリットル空襲」や、機動部隊で日本陸海軍の占領地を空襲してすぐ撤退するという「ヒットエンドラン作戦」を繰り広げる。このうち、「ドーリットル空襲」による被害は軽微であったが、日米開戦、真珠湾攻撃からわずか四か月で首都・東京をはじめとする内地の大都市が空襲を受けたことは政治家、軍人、それに国民に大きな衝撃を与えた。当然、連合艦隊司令長官である山本に対する風当たりも、相当強くなったらしい。一方、危機感を抱いた山本はアメリカなどの連合国に対する第二段作戦の最初として、ミッドウェー作戦を立案し、真珠湾攻撃作戦の時と同様に辞任をチラつかせて軍令部に承認させた。この時、源田らは早期に作戦を遂行すべきでないと進言したが山本は耳を傾けていない。結局、南雲らはミッドウェー作戦の目的が、「ミッドウェー（島）の攻撃、占領か？　敵方の機動部隊の撃滅か？」

という点が判然としない中でミッドウェー海戦に臨む。しかし、アメリカ軍はすでに日本海軍の暗号解読に成功していた、軍令部の提言でミッドウェー作戦の他にアリューシャン（ＡＬ）作戦も同時に遂行したなどの不運も重なり、六月五日のミッドウェー海戦で第一航空艦隊は虎の子の空母四隻を一挙に失うという歴史的な大敗を喫してしまう。

●山本とゆかりの人々のその後

ミッドウェーでの大敗後、第一航空艦隊は解隊され、機動部隊が第三艦隊と部隊名を変えて編成された。この時、山本は「仇討ちの機会を与えて頂きたい」という草鹿の懇願を容れて、第三艦隊の司令長官に南雲、参謀長に草鹿を横すべりさせている。

八月になるとアメリカ軍がソロモン諸島のガダルカナル島へ上陸し、ヘンダーソン飛行場を占領した。また、八月の第二次ソロモン海戦では第二航空戦隊の空母「龍驤」が沈没し、十月の南太平洋海戦では第三艦隊、第二艦隊が敵方の空母「ホーネット」を沈没へ追い込んでいる。

さらに、十月には戦艦「金剛」と「榛名」がガダルカナル島の飛行場を艦砲射撃したが、十一月の第三次ソロモン海戦では真珠湾攻撃にも参加した「比叡」と「霧島」を失った。結局、同十八年二月、「ケ号作戦」が遂行され、日本陸海軍は同島から撤退している。

やがて、山本はソロモン諸島やニューギニア東部における敵方を駆逐するべく、四月上旬に空母

一式陸上攻撃機
（出典：『東部ニューギニア方面陸軍航空作戦』〔戦史叢書 7〕）

の航空機、搭乗員による「い号作戦」を開始する。十八日午前六時、山本と宇垣、それに参謀らは前線視察のために、一式陸上攻撃機二機でニューブリテン島・ラバウルを発進した。しかし、先に触れた通り、暗号が解読されていたこと、前線視察に関する無電を二度打電したことなどが原因で、一式陸上攻撃機二機はブーゲンビル島上空でアメリカ陸軍のＰ－38ライトニング戦闘機一六機の待ち伏せを受けた。

護衛が零戦五機と極端に少なかったこともあり、二機は瞬時に撃墜され、山本の機は火を吹きながら同島へ墜落する（宇垣の機は海上へ墜落）。結局、山本の機は一一人全員が戦死し、宇垣の機は宇垣ら三人が負傷、九人が戦死した。山本は五十九歳だった（「海軍甲事件」）。この後、山本は元帥を追贈され、葬儀は国葬で挙行されている。

なお、真珠湾攻撃に直接間接関わった将兵のうち、司令長官や司令官、参謀長クラスでは第二航空戦隊司令官・山口多聞（たもん）海軍少将、空母「飛龍（ひりゅう）」の艦長・加来止男（かくとめお）海軍大佐がミッドウェー海戦で戦死し（１５２頁「山口多聞」の項参照）、他にも南雲、三和、原田らが戦死や自決を遂げている。

また、搭乗員のうち、隊長クラスでは島崎、村田、高橋、江草、板谷らが他の海戦などで戦死した。さらに、真珠湾攻撃に参加した搭乗員七七〇人のうち、約八〇パーセントが終戦までに戦死している。

なお、宇垣は終戦の日の正午以降に艦上爆撃機「彗星（すいせい）」で特別攻撃隊（特攻）として出撃しており、大西は翌日の未明に官舎で自刃（じじん）した。

一方、司令長官や司令官、参謀長クラスでは三川、福留、草鹿、第五航空戦隊司令官の原忠一海軍少将、第一水雷戦隊の大森仙太郎（せんたろう）海軍少将、岸本鹿子治（かねじ）海軍少将（予備役）、軍令部の富岡、連合艦隊の黒島、渡辺、第一航空艦隊の源田、隊長クラスでは淵田、進藤らは天寿を全うしている。以上のうち、福留、源田、淵田、吉川は戦後、真珠湾攻撃に関する著作を執筆した。中でも淵田は著作で山本の作戦を手厳しく批判しており、「山本五十六凡将論」のタネ本とされる場合がある。また、宇垣の日記『戦藻録（せんそうろく）』は活字化された。

しかし、黒島や渡辺にはまとまった著作がなく、特に戦後、海上保安庁で活躍した渡辺は真珠湾攻撃や山本について著作執筆の打診を受けても、決して応じなかったという。

第2章　作戦の立案などに関わった連合艦隊の幕僚たち

大西瀧治郎　真珠湾攻撃作戦の素案を作成した提督

生没年＝明治二十四年（一八九一）〜昭和二十年（一九四五）。出身地＝兵庫県。卒業年次＝海軍兵学校第四十期。開戦時の階級＝海軍少将。開戦時の配置＝第十一航空艦隊参謀長。

●航空の分野で数々の功績を残す

昭和十六年（一九四一）十二月当時はフィリピン攻略作戦などを成功に導いているが、素案作成、反対する者の説得に従事するなど、当初から真珠湾攻撃に深く関わった。

おそらく、大西瀧治郎と源田実海軍中佐（45頁「源田実」の項参照）の理解、協力がなかったならば、連合艦隊司令長官・山本五十六海軍大将は真珠湾攻撃を断念していたに違いない。

さらに、その源田ですら、

「大西瀧治郎中将こそは、この作戦に最も影響を及ぼした一人」

などと、戦後の著作で大西の功績を称賛している。

そんな大西は現在の兵庫県丹波市の生まれで、旧制柏原中学校（現・県立柏原高校）を経て海軍兵学校を卒業した（第四十期）。同期には、大西と同様に真珠湾攻撃に深く関わることになる宇垣纏、山口多聞、福留繁や、海軍軍人ではじめて空母（水上機母艦）への着艦を成功させた吉良俊一、開戦後に艦隊の司令長官をつとめた岸福治、醍醐忠重、寺岡謹平、そして大西の自刃時に最期を看取ることになる多田武雄の各海軍少将（開戦時）らがいる。特に、山口とは在学中から剣道の好敵手だったが、大西は柔道も得意だった。

次いで、吉良らとともに航空の分野に進んだ大西は、各航空隊、水上機母艦「能登呂」の教官、分隊長、連合艦隊航空参謀、空母「鳳翔」飛行長、「加賀」副長、佐世保航空隊司令、横須賀航空隊副長兼教頭、第三艦隊航空参謀、航空本部教育部長、第二連合航空隊司令官、第一連合航空隊司令官などといった航空関係の要

大西瀧治郎

（出典：『沖縄方面海軍作戦』〔戦史叢書 17〕）

職を歴任する。

　このうち、大西の横須賀航空隊副長兼教頭への着任は同九年十一月であったが、この頃から山本、源田といった後に真珠湾攻撃に深く関わることになる人々との交流が活発になっていく。中でも、大西は源田の戦闘機無用論に理解を示していたらしい。

　また、これは大正時代のはじめのことだが、中島知久平海軍機関大尉が航空機開発の必要性を海軍省に訴えたものの、当時の海軍省はまったく耳を傾けなかった。そこで、

「海軍に籍を置いたままだと航空機の開発はできない」

と痛感した中島は、日本海軍をキッパリ辞め、民間から資金を募って航空機製作会社を設立することとした。この時、大西は中島の構想に大いに賛成し、資金集めに協力をする。ところが、当時は海軍軍人が資金集めなどをしてはならなかったから、大西は海軍省に呼ばれて大目玉を食らった。海軍省の頑迷さに辟易した大西は、日本海軍を辞めて中島と行動をともにすることも考えたが、周囲の引き止めを受けて断念している。ちなみに、中島の航空機製作会社は中島飛行機へ発展し、真珠湾攻撃で活躍した九七式艦攻や、エンジンの「栄」（零戦に搭載）を

九六式陸上攻撃機
（出典：『本土防衛海軍作戦』〔戦史叢書 17〕）

世に送り出している。

なお、大西が右のような職を歴任した時代は航空の分野がまだ未発達、未整備で、関係者の誰もが「手さぐり」の毎日であったに違いない。そういった状況下で大西は、研究や各種の新たな教育方法の導入などの面で実績をあげた。また、軍令部へ怒鳴り込み、戦艦「武蔵」の建造中止、航空機の増産を申し入れたこともある。さらに、司令官となってからも、九六式陸上攻撃機に乗り込んで敵地へ向け出撃した。その姿を見た若い搭乗員たちの中には、

「司令官のためならば死んでもよい」

と口にした者もいたという。

なお、同じ航空隊で勤務したことがある奥宮正武海軍少佐（山口の義兄弟）は、

「大西中将は（中略）海軍士官としては、中肉中背で、目鼻だちの整った、典型的な武人であった」

などと、その印象を書き残している（奥宮正武『太平洋戦争と十人の提督』）。また、

「風貌のみならず立ち居振る舞いまでが、維新の西郷隆盛に似ていた」

という意味の記述も、他の人物が記した出版物に散見される。さらに、後年、「特攻の父」と呼ばれることになる大西は、他にも喧嘩っ早いことから「喧嘩瀧兵衛」なる綽名を頂戴していたが、「西郷隆盛を科学した男」とか、「小西郷」などとも称されたという。

この間に少将に進級し、周囲から航空の第一人者と目された大西だが、芸者を殴った、見合いの

席へ別の芸者を伴って褌姿で現れたなどという型破りな行動でも有名だった。

このうち、芸者を殴ったのは海軍大学校受験の真っ最中だったため、これが原因で入校できていない。一方、見合いの方は相手側が型破りな点を気に入り、結婚に漕ぎ着けている。

なお、妻の姉は笹井賢二海軍造船大佐に嫁いでおり、夫妻の長男が「ラバウルのリヒトホーヘン」や「ラバウルの貴公子」の異名で知られた台南航空隊中隊長の笹井醇一海軍中尉である。笹井は開戦劈頭、大西が深く関係したフィリピン攻略作戦に零戦で参加した。しかし、笹井は昭和十七年八月、零戦でソロモン諸島・ガダルカナル島の敵方の基地上空へ侵入し、グラマンF4Fワイルドキャットを操縦するマリオン・カール海兵隊大尉と壮絶な一騎討ちの末、戦死する。二十四歳だった。単独撃墜二七機（公認）は海軍兵学校出身者では最多であったことから、笹井は二階級特進して海軍少佐になっている。ちなみに、部下の坂井三郎海軍一等飛行兵曹の回顧録『大空のサムライ』シリーズには笹井の人となり、戦歴が随所に記されており、生前の笹井がいかに卓越した人格者、零戦乗りであったかを知ることができる。

●源田実の協力を得て素案を作戦

同十六年一月十五日、大西は新たに編成された基地航空部隊である第十一航空艦隊の参謀長に抜擢された。司令長官は「隻腕（せきわん）の提督」・塚原二四三（にしぞう）海軍中将だった。

着任の前日、大西は連合艦隊司令長官の山本から、「真珠湾攻撃作戦を検討している」という内容の手紙を受け取る。次いで、下旬に旗艦である戦艦「長門（ながと）」の山本を訪ねた。この時、大西は真珠湾攻撃に反対である旨を山本に伝えた。反対の理由は、

「作戦として危険が大き過ぎるだけでなく、国土であるハワイを奇襲攻撃したならばアメリカの政治家、軍人、国民は最後まで戦い抜く決意をするに違いない」

と考えたからだったが、この時は「最後まで戦い抜く決意」云々（うんぬん）は口にしなかったものと推測される。攻撃先に関しては、大西が後に連合艦隊の参謀に向かい、

「（アメリカ本土同様の真珠湾ではなく）フィリピンで我慢したらどうか？」

と口にしたとも伝えられている。しかし、山本から、

「作戦の素案を作成するように」

という密命を受けた大西は不承不承（ふしょうぶしょう）、そ

塚原二四三
（出典：『南太平洋陸軍作戦 <1>』〔戦史叢書 26〕）

れを作成した。次いで、新進気鋭の航空士官で、第一航空艦隊航空（甲）参謀だった源田に会い、山本が真珠湾攻撃を検討していること、素案作成を命じられたことを告げる。そして、先の素案を源田に渡して手直しを依頼したが、源田は必要な加筆や訂正を行なった上で二週間程で素案を大西へ戻す。

さらに、大西はそれに手直しを加えた上で、三月初旬に山本に素案を提出した。以上のようにして作成された素案をもとに、以後、真珠湾攻撃の作戦立案は連合艦隊先任参謀・黒島亀人（かめと）海軍大佐、戦務参謀・渡辺安次（やすじ）海軍中佐らの手に委ねられることになる。

しかし、素案を山本に提出した後、大西は軍事的にも、政治的にも危険が大き過ぎると判断したのだろう。真珠湾攻撃作戦の訓練、準備が本格化していた同年九月末、真珠湾攻撃作戦の遂行に当たる予定の第一航空艦隊司令長官・南雲忠一（なぐもちゅういち）海軍中将、参謀長の草鹿龍之介（くさかりゅうのすけ）海軍少将と第十一航空艦隊の塚原、大西とが協議し、山本に作戦の白紙撤回を求めることで合意した。すでに真珠湾攻撃の図上演習は終わっていたが、大西と同様、他の三人も「作戦として危険が大き過ぎる」と考えていたのだろう。

この時、大西は作戦として危険が大き過ぎるだけでなく、航空の分野のプロパーとして、

「水深が一二メートル程度の真珠湾では、九七式艦攻による雷撃が不可能である」

という理由からも真珠湾攻撃に反対したのである。後者について補足説明をすると、一月に山本

から真珠湾攻撃作戦の素案作成を命じられた直後、大西は水深一二メートル程度で雷撃が可能か否かを、佐伯航空隊司令の前田孝成海軍中佐に問うた。この時、前田は「技術的に不可能」と回答したという。ただ、これは前田に限ったことではなく、

「水深一二メートル程度での雷撃は技術的に不可能」

というのは航空の分野で「飯を食う者」にとっては常識だった。たとえば、後に浅海面魚雷の開発に当たることになる愛甲文雄海軍中佐は、同十四年秋の軍事演習の時点では浅海面での雷撃を無効と判定している。また、真珠湾攻撃の直前に零式水上偵察機で真珠湾の偵察をした福岡政治海軍飛行兵曹長なども「真珠湾で雷撃をやる」と聞き、不思議に思ったという（以上、愛甲文雄、福岡政治他『日米開戦と真珠湾攻撃秘話』）。

この合意を受けて、南雲と塚原は連名で白紙撤回を意見具申することになり、十月三日に草鹿と大西が旗艦である軍艦「陸奥」の山本を訪ねた。草鹿、大西は両長官の意見具申を伝えた上で、自分たち（＝草鹿、大西）も同意見であることを山本に伝える。

けれども、山本は耳を傾けず、

「真珠湾攻撃は必ずやる。困難はあるだろうが、そのつもりで準備してもらいたい」

と厳命した。以上の山本の言葉に接した大西は考えを改め、草鹿の説得に回っている。

●比島への空母投入を不要とする

そういえば、南方作戦やフィリピン（比島）攻略作戦にも空母が必要なことなどから、「航続距離が短い第二航空戦隊の空母『蒼龍』と『飛龍』を真珠湾攻撃から外すべき」という議論が巻き起こる（152頁「山口多聞」の項参照）。ちなみに、第一航空艦隊は当初、第一航空戦隊の空母「赤城」と「加賀」、第二航空戦隊の「蒼龍」と「飛龍」、そして第四航空戦隊の空母「龍驤」という空母五隻と、護衛の駆逐艦という陣容だった。なお、一時的に特設空母「春日丸」（後の空母「大鷹」）が在籍した時期もある。

このうち、「龍驤」は「蒼龍」などよりもさらに小型で航続距離が短い、搭載可能な航空機の数が少ない、艦橋が飛行甲板の下にあって航空作戦の指揮が難しい、戦闘機が零戦ではなく旧式の九六式艦上戦闘機である、などという欠点が多い空母だった。

幸い、十月、十一月に入って大型の空母「翔鶴」と「瑞鶴」が相次いで竣工（完成）し、第五航空戦隊が編成されたのに伴い、「龍驤」の南方作戦への投入が決定している。

ところで、以上のような「蒼龍」と「飛龍」をめぐる議論は一見、大西とは無関係だと思う向きも多いと思うが、実際は違う。なぜならば、第十一航空艦隊麾下の航空隊の作戦如何によっては、「蒼龍」と「飛龍」をフィリピン攻略作戦へ投入しなくてもよいからである。具体的には、その作戦というのは――台湾の基地から零戦を発進させ、フィリピンの基地を攻撃させれば空母を投入しなくても済む――というものだった。

当初、大西はこの作戦に難色を示すが、それにもめげずに航空隊の幹部たちは研究、訓練を続ける。また、この作戦ならば一式陸上攻撃機、九六式陸上攻撃機との共同作戦の訓練や、空母での発進、着艦の訓練も省くことができるから、零戦を主力とする航空隊にとっては「一石二鳥の作戦」でもあった訳である。やがて、この作戦の内容、航空隊の実情を理解した大西は、山本から作戦の承認を得ることに成功する。

以上により、「蒼龍」と「飛龍」を、フィリピン攻略作戦へ投入する必要がなくなった。この零戦と、九六式艦上戦闘機は三菱の技師・堀越二郎が設計した名機だったが、零戦二一型ならば増槽（予備タンク）なしでも、二二〇〇キロメートルという長大な航続距離だった。零戦の航続距離が真珠湾攻撃への空母六隻投入を実現させたともいえよう。おそらく、山本、それに第二航空戦隊司令官の山口らは、衷心から大西に感謝したに違いない。

●自刃して特攻隊の英霊に詫びる

大西、源田らが関わった綿密な作戦を、攻撃隊の総隊長・淵田美津雄海軍中佐らが血の滲むような猛訓練の末に遂行しただけあって、第一航空艦隊は同十六年十二月の真珠湾攻撃で大戦果をあげることができた。前後して第十一航空艦隊所属の航空隊が、フィリピン攻略作戦などで大戦果をあげている。例の台湾の基地を発進した零戦に、フィリピンを攻撃させるという作戦が功を奏したのである。また、大西は塚原を促して鹿屋航空隊の一式陸上攻撃機、九六式陸上攻撃機の、仏印（現・ベトナム）・サイゴンへの派遣も実現させた。この措置が、同月十日のマレー沖海戦の大勝利につながる。一連の作戦が大勝利で終わったことから、塚原、大西らも胸を撫で下ろしたことだろう。

やがて、連合国に対する第一段作戦が成功裡に終わったこともあってか、大西は同十七年三月に航空本部総務部長へ転じ、同十八年十一月には軍需省航空兵器総局総務局長に異動となった。以上のうち、航空兵器総局は陸海軍が別々に発注してきた航空機や関連兵器の製造、供給を総合的に扱い、効率をよくする目的で新設された部署である。新設の際、遠藤三郎陸軍中将が総局長に就任するが、大西は一歳若い遠藤を局長として補佐した。

もっとも、一機でも航空機がほしい艦隊、航空隊の幹部の中から、

「大西局長は弱腰だ！　陸軍に譲歩し過ぎている！」

などと批判する声もあがった。弱腰云々の当否はともかく、日本陸軍との無用なトラブルを避けたという意味において、大西の行動は評価されてしかるべきであると思う。

この間の同十八年五月、海軍中将に昇進した大西は、以後、同十九年十月に基地航空部隊として

再編された第一航空艦隊の司令長官となり、同二十年五月には軍令部次長に就任する。しかし、大西が司令長官としてフィリピン・マニラに着任した時、すでに敵方の機動部隊が出没していた。

やむなく、大西は同十九年十月のレイテ沖海戦で、零戦に二五〇キロ爆弾を搭載した神風特別攻撃隊に体当たり攻撃＝特攻を敢行させている。航空本部時代、特攻に消極的だった大西も、断腸の思いで特攻推進に転じたのだろう。また、大西は第二航空艦隊司令長官・福留繁海軍中将と戦力の共同運用に着手したが、一連のフィリピンでの戦いは敵方の勝利に帰している。このため、司令部を台湾・高雄へ移動させざるを得なかった。

そんな矢先、大西ははからずも軍令部次長に抜擢されたことから、次長として戦争の継続に全精力を傾ける。本項の序盤で触れたように、大西は海軍大学校の受験途中に芸者を殴り、それが問題となって不合格となっていた。

実は、「海軍大学校の受験は三回まで」と決められていたのだが、この時が三回目の受験だった大西は海軍大学校への入校ができなくなってしまう。それでも、航空作戦に関する類い稀なる識見が評価されて、大西は軍令部次長に抜擢されたのである。昭和時代になってから海軍大学校を卒業せずに軍令部次長に就任した事例は、大西以外にはない。

しかし、敗勢を食い止めることができないまま、戦況は悪化の一途をたどる。さらに、終戦直前には戦争継続を主張する軍令部総長・豊田副武海軍大将および大西と、戦争終結を主張する海軍大臣・米内光政海軍大将とが激しく対立した。

しかし、八月十五日に昭和天皇による玉音放送があり、太平洋戦争は終戦となる。翌日（十六日）の午前二時、「特攻隊の英霊に曰す」にはじまる遺書をしたためた大西は、次長官舎で自刃し、海軍次官となっていた多田に看取られつつ絶命した。五十四歳だった。

なお、自刃した次長官舎は現在の渋谷区内にあったが、大西の私邸の方はアメリカ軍の空襲によって焼失していた。そういったこともあり、大西の妻は跡を追うことも考えたようである。しかし、考えを改め、夫の墓の建立、特攻で散華した人々の供養、遺族への謝罪に多くの時間を割いている。事実、戦友会の会報、部隊史などには大西の妻が供養行事に参列し、深く頭を下げ、号泣したという意味の記述が複数認められる。現在までに、妻や知人らの手で、神奈川県内のある寺院に大西の墓と海鷲観音が建立されている。

源田実　作戦の細部を練り上げた海軍の鷹

生没年＝明治三十七年（一九〇四）〜平成元年（一九八九）。出身地＝広島県。卒業年次＝海軍兵学校第五十二期、海軍大学校（甲種）第三十五期。開戦時の階級＝海軍中佐。開戦時の配置＝第一航空艦隊航空（甲）参謀。

●戦闘機乗りとして航空主兵論を主唱

昭和十六年（一九四一）一月に命ぜられて真珠湾攻撃作戦の素案の手直しをする一方、第一航空艦隊航空（甲）参謀として作戦の細部の立案、訓練などで功績を残した人物である。源田実の、その時々の的確な判断が功を奏したからであろう。第一航空艦隊の海鷲たちは、同年十二月の真珠湾攻撃で未曾有の大戦果をあげることができた。

さらに、太平洋戦争末期には第三百四十三航空隊司令として本土の防空を指揮し、戦後は長く参議院議員をつとめ、「国防族」の重鎮として存在感を示した。おそらく、真珠湾攻撃に関わった日本海軍の将官の中では、山本五十六海軍大将に次いで有名だろう。

　そんな源田は明治三十七年（一九〇四）に現在の広島県安芸太田町で生まれ、旧制広島第一中学校（現・県立広島国泰寺高校）を経て海軍兵学校を卒業する（第五十二期）。次いで、源田は第十九期飛行学生を修了して戦闘機乗りとなり、海軍大学校（甲種）も卒業した（第三十五期）。以後は横須賀航空隊の教官、空母「龍驤」の飛行長などを歴任する。ところで、航空士官としての源田は、実に数多くの功績を残した。具体的には、①名機・九六式艦上戦闘機（設計者は零戦と同じ堀越二郎）の試験飛行を行なった、②中国戦線で戦闘機が広範囲に制空を行なう制空隊を考案した、③単座（一人乗り）の急降下戦闘機（爆撃機）の研究にとり組んだ、④「源田サーカス」と呼ばれた曲芸飛行を披露した（後述）などをあげることができよう。また、源田は海軍の将官の多くが信奉していた「大艦巨砲主義」を批判し、「航空主兵論」の観点から戦艦の建造中止、航空機の増産も主張した。

　ところで、戦後、直木賞作家となる豊田穣海軍少尉は同十二年当時は海軍兵学校の生徒だったが、初夏に源田が海軍兵学校で講演をした際のエピソードを著作で繰り返し紹介している。その豊田の著作によると、この講演で海軍大学校（甲種）学生だった源田は、日頃から主張している「航空主兵論」を説いたが、その段階で、

「航空機が大艦巨砲主義に取って代わるべきだ」

とも主張した。かかる講演を聞いた豊田は「痛快だった」と感じたが、海軍兵学校教頭兼監事長の角田覚治（かくたかくじ）海軍大佐（当時）は気に入らなかったようである。源田の講演が終わるや否や、角田は登壇して生徒らに向かい、「誤解がないように」と前置きした上で、

「今の源田少佐の講演は非常に有益であるが（中略）諸君は将来、たとえ味方に一機の飛行機がなくても、一隻の航空母艦がなくても、あえてご奉公（ほうこう）をしなければならない」

という意味のことを述べたという。この時の角田は、

「諸君（＝生徒ら）の勤務先は航空の分野だけではなく、戦艦や巡洋艦、駆逐艦、潜水艦、さらには陸戦隊（海軍の地上戦闘部隊）もある」

という意味で「たとえ味方に一機の飛行機がなくても、一隻の空母がなくても」といったのだろうが、そう口にした角田本人が「一隻の空母も、一機の航空機も持たない」第一航空艦隊司令長官として、同十九年八月のテニアン島の戦いで戦死している。

なお、現代でも神仏に金品を奉る（たてまつる）こと、すなわち神社や寺院へ初穂料（はつほりょう）や布施（ふせ）、物品を収めることを献納（けんのう）といっている。戦前、国民が陸海軍に金品を贈ることも献納

角田覚治
（出典：『マリアナ沖海戦』〔戦史叢書 12〕）

といっていたが、同六年に満州事変が勃発して以降、国民が航空機や内火艇（小型のボート）などを日本海軍へ献納する事例が増えていく。この時期、航空機では九〇式艦上戦闘機が「報国号」と命名されて献納されることが多かった。

一方、献納を受けた側の日本海軍ではそれに感謝の意を表するべく、航空隊の戦闘機乗りを全国へ派遣して国民向けのアクロバット飛行などをさせている。その際に用いられた九〇式艦戦は複葉（主翼が二枚）で、最高速度が時速約二九三キロメートルとまだまだ低速だったが、複葉なので浮力があって比較的扱いやすく、アクロバット飛行には適した機体だったようである。

ともあれ、当時、横須賀航空隊分隊長だった源田は、部下二人とともに九〇式艦戦の三機編隊を組み、自身が考案した「背面宙返り」などの妙技を披露して喝采を浴びた。やがて、源田らのアクロバット飛行は「源田サーカス」と呼ばれるようになるが、鮮やかなアクロバット飛行を見て感動し、海軍兵学校や予科練へ入った少年も多かったという。

●素案の手直しと細部の検討をする

同十六年一月、山本五十六海軍大将が大西瀧治郎海軍少将に対して、真珠湾攻撃作戦の素案作成を命じた。前者は連合艦隊司令長官、後者は第十一航空艦隊参謀長だったが、同作戦を遂行する際には第一航空艦隊（機動部隊）が当たることが予想された。

そこで、大西は素案を作成した上で、それを源田に渡して細部の検討を命じたが、源田が細部を検討し、必要な加筆や訂正を行なった素案はさらに大西が手直しして三月初旬に山本へ提出された。

以上の大西、源田による真珠湾攻撃の素案の作成や、以後の作戦立案の細部の検討に関しては、北方航路の選択（後述）などの他にも、源田は作戦面で重要な役割を果たした。

その重要な役割というのは、大西から真珠湾攻撃作戦について相談を受けた時、

「自分は戦闘機乗りなので詳しくありませんが……」

と前置きした上で、

「九七式艦上攻撃機による雷撃は不可能ではないと思います」

という意味の発言をしたとされていることである。厚い金属板で防禦（ぼうぎょ）されている戦艦などに大きな打撃を与えるには、九七式艦攻による雷撃が必要だとされていた。

ところが、九七式艦攻から投下された魚雷は、何十メートルも深く沈んだ後、浮かび上がって目指す敵艦へ向かう。しかし、これでは水深が一二メートル程度とされていた真珠湾では、雷撃ができないことになる。この点に関しては、後に軍令部が真珠湾攻撃作戦に猛反対した時、作戦そのものに危険が大き過ぎると主張した後、

「真珠湾では九七式艦攻による雷撃が不可能である。雷撃ができないということになると戦果の拡

大が望めないので、この作戦は承認できない」

とも主張した、と取り沙汰されてきた。要するに、

「九七式艦攻による雷撃が可能か？　不可能か？」

という点は、真珠湾攻撃を承認すべきか、否かという点を決めかねない重要な問題だったのである。そんな重要な問題に関して、源田が「雷撃は不可能ではない」と口にしたことが、その後の真珠湾攻撃作戦の遂行につながったとみなしても大過はないであろう。


また、先に触れた素案の手直しに関してつけ加えると、源田は、Ⓐ九七式艦攻による雷撃が可能な場合、Ⓑ雷撃が可能でない場合、の二通りについての私見を述べたという。ちなみに、この後、第一航空艦隊司令長官の南雲忠一（なぐもちゅういち）海軍中将は先任参謀・大石保（たもつ）海軍大佐と源田に、真珠湾攻撃作戦の具体的な立案を命じた。無論、源田は素案の手直しの段階から関与していたのだが、南雲から具体的な立案が命じられた時には、

「山本長官はこんな作戦構想をお持ちなんですね」

などと、同作戦をまったく知らない素振り（そぶ）りをみせた、とも伝えられている。


次いで、同十六年九月十六日の海軍大学校での図上演習で、源田はハワイまでの航路を「警戒が手薄な北方航路とすべき」と主張し、南雲は荒天の際に燃料の洋上補給ができないことを理由に「南方航路とすべき」と主張した。水雷畑の要職を歴任し、操艦も得意だったという南雲からみれば北

方航路の航行などは、「非常識この上ない」と映ったのだろう。幸いにも、この時は山口多聞海軍少将が北方航路を支持する旨を主張したこともあり、航路は北方航路に決定している。なお、山口は南雲麾下の第二航空戦隊（空母「蒼龍」、同「飛龍」）の司令官だった。

その一方で源田は、第一航空艦隊の旗艦である空母「赤城」の飛行隊長に、

「海軍兵学校同期の淵田美津雄海軍中佐を配置していただきたい」

と南雲らに乞うている。淵田は艦攻乗りだが航空の分野の経験が豊富で、三座（三人乗り＝操縦、偵察、無電）のうちの偵察なので攻撃隊の空中指揮官として最適の人物だった。さらに、源田は南雲らに乞うて淵田に幕僚事務補佐の辞令も出して貰い、「赤城」飛行隊長である淵田が攻撃隊全体の隊長（総隊長）として指揮できるようにしている。

しかし、空母から飛び立った三〇〇機以上の攻撃隊が、敵方の軍港に停泊中の艦船を攻撃するなどという作戦は前代未聞のものであった。また、司令長官の南雲は航空の分野に疎く、参謀長の草鹿、先任参謀の大石も具体的な立案で主導権をとるほど詳しくはなかったはずである。このため、源田の起案したものがそのまま通ることが多く、源田自身も不安を感じたことがあった。

それでも、具体的な立案の段階で大石らには、

「空母六隻を無傷のまま日本へ連れて帰りたい」

という思いが強かったのだろう。立案の当初、危険を少しでも減らしたかったのか、

「攻撃隊の発進後、空母はハワイから遠ざかる」

という案が司令部内で検討された。けれども、それでは危険な爆撃、雷撃、空中戦を終えた攻撃隊に、さらなる負担を強いることになる。このため、源田はかかる主張に、

「そんな逃げ腰では士気に関わる」

と激しく反対し、結局は危険だが空母は発進させた場所に留まり、そこで攻撃を終えた攻撃隊を収容することで決着する（防衛庁防衛研修所戦史室編『ハワイ作戦』）。

また、第一航空艦隊が編成されて以降、各空母の搭乗員は、九州各地での基地で血の滲むような猛訓練を開始した。その訓練ではハワイ・真珠湾に見立てて、鹿児島県の鹿児島湾、志布志湾などでの爆撃訓練、雷撃訓練も行なわれている。一般の搭乗員には真珠湾攻撃のための訓練であることは一切知らされていなかった。しかし、中には、

「これはハワイの真珠湾を攻撃しようとしているのではないか？」

と感じた搭乗員もいたという。一方、訓練で指導官やその補佐役を山口、源田がつとめたが、血の滲むような猛訓練であるために犠牲者も出た。このため、搭乗員の中には、山口や源田を口汚く罵る者も出たとされている。

それでも、冒頭で触れた通り、源田が「打つべき手を全部打った」のが功を奏して、十二月の真珠湾攻撃では淵田が指揮する攻撃隊が未曾有の大戦果をあげた。

ただし、不安だったのだろうか。強気なはずの源田が北方航路を進む間、艦内の赤城神社に、「私を殺してこの作戦を成功させて下さい」と祈り続けていたという。

●ミッドウェー海戦では不運が重なる

山本らは開戦劈頭（へきとう）の真珠湾攻撃作戦、南方作戦などを第一段作戦と位置づけていた。やがて、山本は第二段作戦の最初として、同十七年六月にミッドウェー作戦を遂行するよう第一航空艦隊に命じた。この時、源田は準備期間が短いことから六月の作戦遂行に反対するが、山本らは源田の意見に耳を傾けてはいない。しかも、この時期には不運なことが重なっている。

まず、その不運とは、五月の珊瑚海（さんごかい）海戦に勝利したものの、空母「翔鶴（しょうかく）」と「瑞鶴（ずいかく）」とが損傷したことだった。このため、ミッドウェー海戦には両空母を除く四隻で臨まざるを得なくなる。また、さらなる不運は、攻撃隊の総隊長である淵田が病気となったことで、このため、作戦を練り直したり、細部を詰めたりといったことができなかった。

そういった状況下で臨んだ六月五日のミッドウェー海戦では、九七式艦攻などの兵装の再転換をしていた最中、「赤城（あかぎ）」「加賀（かが）」「蒼龍（そうりゅう）」に敵方のＳＢＤドーントレス急降下爆撃機の編隊が襲いかかった。命中弾を受け、三空母は相次いで大炎上し、沈没や魚雷処分を余儀なくされる。もともと、連合艦隊司令部の指示が曖昧だったこと、不意に敵方の機動部隊出現を報じられたことなどの不運も重なっている。

しかし、余人ならばともかく、源田のような航空のオーソリティーならば何か「打つ手があった」に違いない。

●本土の防空で活躍後に参議院議員へ

この後、第一航空艦隊は解隊され、南雲と草鹿は新しく編成された第三艦隊（機動部隊）の司令長官、参謀長に横すべりしたのに対して、源田は空母「瑞鶴」の飛行長に任命されている。ただし、飛行長、それに臨時第十一航空艦隊航空参謀は短期間つとめただけで、同十七年十二月に軍令部第一部へ転じた。源田はこの配置で、機動部隊、基地航空部隊の再建計画などの立案に従事した。

けれども、レーダーや対空砲火用のVT（近接）信管などを駆使するアメリカにはほとんど太刀打ちできないまま、連合艦隊は同十九年六月のマリアナ沖海戦に敗れ、空母「大鳳」をはじめとす

局地戦闘機「紫電改」
（出典：『沖縄方面海軍作戦』〔戦史叢書 17〕）

る虎の子の空母三隻を喪失している。なお、このＶＴ（近接）信管というのは、砲弾が目標へ直撃（命中）しなくても一定の範囲内へ到達すれば起爆する信管を指す。

次いで、マリアナ諸島のサイパン島を失ったことが原因で、日本本土への戦略爆撃の脅威にさらされることになった。これを受けて、十二月に海軍大佐に進級した源田は、Ｂ－29爆撃機の迎撃を任務とする第三百四十三航空隊の編成を提案し、同二十年一月には司令に就任して松山市の基地（旧・松山航空隊）へ着任する。同航空隊には高性能の局地戦闘機「紫電改（しでんかい）」が配備され、また源田の尽力で内地、外地から優秀な搭乗員がかき集められた。その甲斐（かい）あって、同航空隊はアメリカの戦闘機やＢ－29爆撃機の迎撃でかなりの成果をあげている。

戦後の源田は航空自衛隊へ入り、トップの航空幕僚長（大将に相当）にまで昇進した。なお、本項の中盤で触れた通り、横須賀航空隊教官時代の源田は部下二人ととも

松山海軍航空隊跡の石碑（松山市）

に三機でアクロバット飛行を披露したが、航空自衛隊ではアクロバット飛行を専門とする部隊「ブルーインパルス」の創設に尽力した。

この「ブルーインパルス」は現在も妙技を披露しており、その光景を撮影した映像がテレビのニュースなどで流れることがある。

また、乞われて政界に転じた源田は、自由民主党所属の参議院議員を四期（二四年）つとめ、裁判官弾劾裁判所裁判長、同党の政務調査会国防部会長などに就任している。

さらに、源田は『海軍航空隊始末記 発進篇』（同三十六年）、『真珠湾作戦回顧録』（同四十七年）などを執筆しているが、このうち、『真珠湾作戦回顧録』は素案の段階から関わった人物の回顧録であるだけに、現在までに繰り返し再刊されてきた。

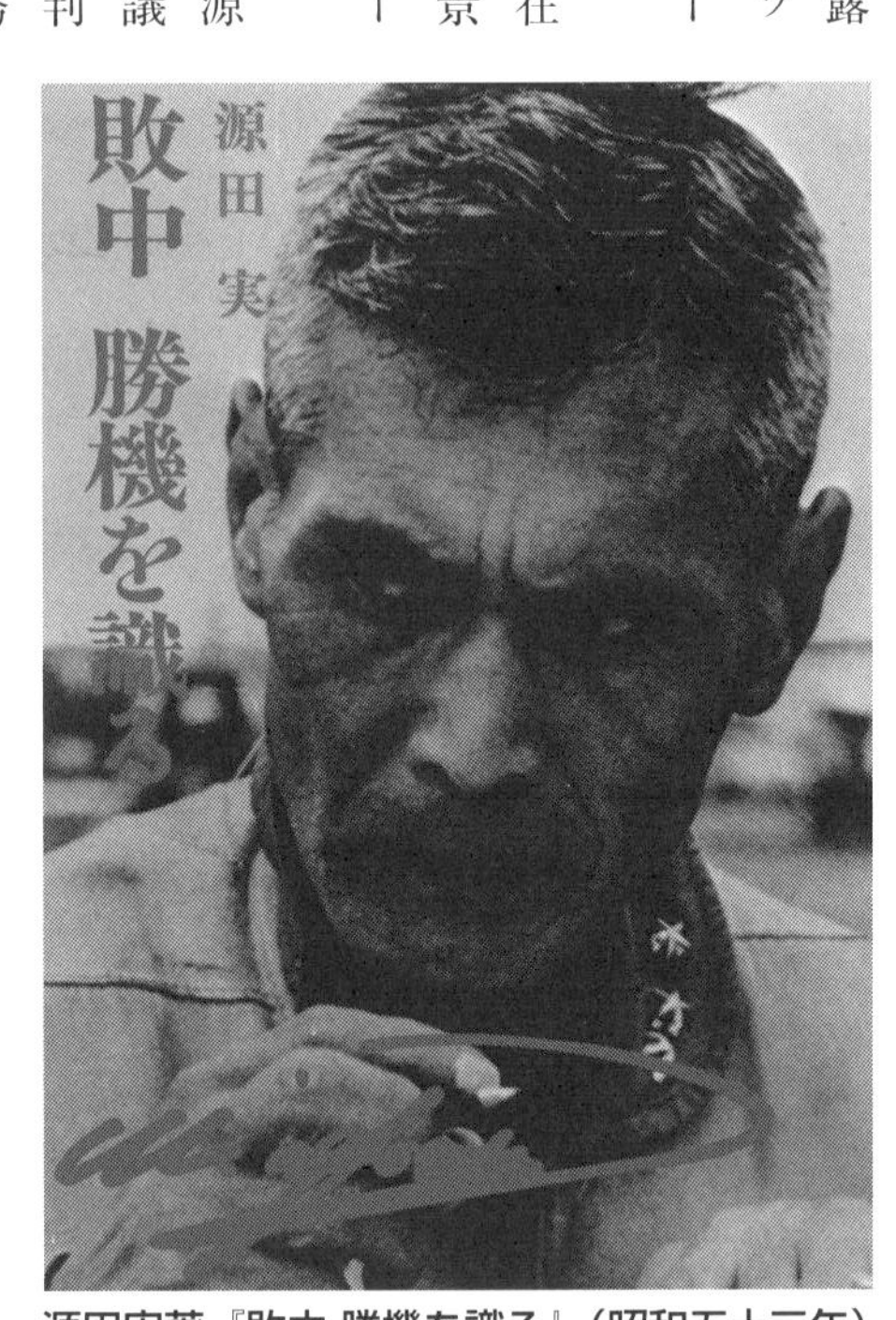

源田実著『敗中 勝機を識る』（昭和五十三年）の表紙にあしらわれた著者の写真

晩年、松山の病院へ入院した源田は、平成元年（一九八九）八月十五日にそこで病没する。八十四歳だった。この日は源田の誕生日（同月十六日）の一日前に当たる。

また、この日が平成元年の終戦記念日の当日だったこともあり、日本のみならずアメリカなどの新聞にも、源田の病没に関する記事が大きく掲載された。

ちなみに、映画『太平洋の翼』（昭和三十八年）では源田をモデルとした千田を三船敏郎が、『トラ・トラ・トラ』（同四十五年）では源田を三橋達也が演じている。

また、同十一年初夏の源田の講演を「痛快だった」と感じた豊田は、戦後、新聞記者、作家として何度も源田に会ってヒアリングを行なった上で、著作を執筆している。

このうち、豊田が執筆した源田、第三百四十三航空隊関係の小説に、鴛淵孝海軍大尉（戦死後、海軍少佐に進級）を主人公とした『蒼空の器　撃墜王・鴛淵孝大尉』（同五十八年）がある。鴛淵と豊田とは海軍兵学校の同期（第六十八期）だが、当然のことながらこの作品には源田が随所に登場する。

さらに、漫画家・ちばてつやの『「紫電改」のタカ』（同三十八～四十年）にも、主人公・滝城太郎を温かく見守る司令・源田が登場する。

黒島亀人（くろしまかめと）　軍令部の説得で活躍をした「仙人参謀」

生没年＝明治二十六年（一八九三）～昭和四十年（一九六五）。出身地＝広島県。卒業年次＝海軍兵学校第四十四期、海軍大学校（甲種）第二十六期。開戦時の階級＝海軍大佐。開戦時の配置＝連合艦隊先任（首席）参謀。

●仙人参謀、変人参謀の綽名を頂戴する

海軍大学校（甲種）を卒業しているが、黒島亀人は決してエリートタイプの参謀ではなく、このため日本海軍の内部での評価も低かった。しかし、日本海軍に多かったエリートタイプの参謀が想像もしない奇策を編み出す（あだ）手腕は、連合艦隊司令長官の山本五十六（いそろく）海軍大将から全幅の信頼を置かれている。また、真珠湾攻撃に関しては、連合艦隊の先任（首席）参謀として部下の参謀と作戦の細部を練り上げた。さらに、軍令部が真珠湾攻撃そのものや、空母六隻の投入に難色を示した時、「二つが承認されない場合、山本長官は辞任する意向である」と切り出すなどして承認を得た手腕は評

価されてしかるべきであろう。

そんな黒島は明治二十六年（一八九三）に広島県に生まれるが、父の病死後に叔父(おじ)の養子となり、昼間は家業を手伝いながら夜間の旧制中学校へ通ったという。以上のように苦学はしたものの、勉強は相当できたから、海軍兵学校に入校して卒業し（第四十四期）、海軍砲術学校高等科を修了して砲術畑を進む。さらに、海軍大学校（甲種）も卒業した黒島は、第五戦隊、第四戦隊、第九戦隊の参謀、海軍大学校の教官などの職を歴任した。

留意すべきは、海軍大学校の教官に就任した昭和十三年（一九三八）十二月以降、海軍大学校で早くも日本とアメリカが戦った場合の戦略、戦術について講じていた点である。

そういった識見が評価されたのか、黒島は同十四年十月に連合艦隊のナンバー３(スリー)である先任参謀に抜擢された。なお、山本の司令長官就任は同年八月だが、この頃は参謀長が高橋伊望(いぼう)海軍少将から福留繁海軍少将へ、そして先任参謀が河野千萬(ちま)城(き)海軍大佐から黒島へと交代した時期でもある。このうち、海軍大学校（甲種）を首席で卒業し、連合艦隊の先任参謀、軍令部第一部第一課（作戦担当）の課長を歴任していた福留の参謀長登用は、周囲の予想通りの人事だった。

これに対して、予想を著しく裏切ったのが、他ならぬ黒島の先任参謀登用である。なぜならば、黒島に関しては重要な作戦を立案する際に一か月も風呂に入らなかった、垢(あか)まみれの浴衣(ゆかた)、あるいは丸裸で艦内をうろついた、艦内ではところかまわず煙草(たばこ)を吸って灰を落とした、などと伝えられている。それだけではない。

連合艦隊の司令部に限らず、日本海軍ではどこの艦隊でも司令長官と参謀長、参謀、旗艦の艦長などが同じ食卓で食事をともにするという習わしがあったのだが、黒島は作戦立案などの際には一週間以上も自室に籠もってそこで食事を摂ったという。

加えて、立案した作戦が奇抜であること、発言に「歯に衣着せぬ」ところもあることから、周囲の者から先任参謀を捩った仙人参謀、変人参謀という綽名を頂戴するにいたった。

なお、山本は明治十七年生まれ、黒島は九歳も若い同二十六年生まれなのだが、黒島は頭が禿げており、老けてみえたのだろう。二人が宮崎市内の旅館を訪れた際、旅館の従業員が黒島の方が年長で、司令長官だと勘違いしたという話が残っている。

●軍令部に真珠湾攻撃作戦を承認させる

これまでに再三触れたように、第十一航空艦隊参謀長・大西瀧治郎海軍少将が作成し、第一航空艦隊航空（甲）参謀・源田実海軍中佐が手直しした真珠湾攻撃の素案は、同十六年三月初旬に山本へ提出された。これを受けて、今度は山本がその素案に手直しを加えた上で、（参謀長の宇垣纏海軍少将を飛び越して）黒島や戦務参謀・渡辺安次海軍中佐らに具体的な作戦立案を命じる。この段階で黒島が「誰もが思いつかない奇想天外な作戦」を次々と編み出し、真珠湾での未曾有の大戦果に貢献した、と評価する向きが多い。

作戦立案の面とは別に、黒島は大仕事をやってのけた。その大仕事とは、真珠湾攻撃作戦そのものと、空母六隻の投入とを軍令部に認めさせたことを指す。

少し前置きが長くなるが、日本海軍では古くから「漸減作戦を経て艦隊決戦で勝敗を決する」という方針がとられてきた。ここでいう漸減作戦とは、駆逐艦、潜水艦といった補助艦艇や、陸上攻撃機、艦上爆撃機といった航空機で敵方の艦隊に少しでもダメージを与える作戦のことである。また、艦隊決戦とは、戦艦、巡洋艦といった軍艦同士の戦いで勝敗を決するという作戦をいった。

しかし、同十年代に入ると航空機の性能が格段に向上する。このため、それを熟知している山本や大西、源田らは、「来るべき戦争では、航空機の優劣がその勝敗を決するのは間違いない」という確信を持つにいたった。本来は砲術畑だが山本の下で先任参謀をつとめるうちに、黒島も同様の考えを持つようになる。

ところが、同十六年五月、軍令部が作成した年度作戦計画を読んだ黒島は、愕然とさせられてしまう。なぜならば、以前から山本が「航空機の優劣がその勝敗を決するのは間違いない」と繰り返し述べてきたのにも拘わらず、右の年度作戦計画は旧態然とした漸減作戦、艦隊決戦を一歩も出ていなかったからである。

何よりも、年度作戦計画の担当である軍令部第一部長の福留、第一課長の富岡定俊海軍大佐からして、頑（かたく）なに艦隊決戦に固執（こしゅう）していた。

このため、十月中旬、軍令部へ赴（おもむ）いた黒島と、対応に当たった富岡との間で押し問答が続く。軍令部勤務が長い富岡は、アメリカ海軍太平洋艦隊の本拠地であるハワイ・真珠湾を、しかも空母六隻で攻撃するなどというのは危険が大き過ぎて、「作戦としては論外」と判断していたのだろう。

また、当時、軍令部は日本陸軍と共同で、フィリピン攻略作戦、南方作戦などの立案を本格化させていた。その攻略作戦では敵方の艦隊の警戒、漸減、あるいは日本陸軍の兵員輸送船の護衛などのために空母が必要だったのである。

故に、「百歩譲って」真珠湾攻撃を承認するにしても、「中型で航続距離の短い第二航空戦隊の空母二隻は、フィリピンへ回したい」と、富岡をはじめとする軍令部の面々は考えていた。ここでいう空母二隻とは、第二航空戦隊所属の「蒼龍（そうりゅう）」と「飛龍（ひりゅう）」とを指す。しかし、山本は、

永野修身
（出典：『ハワイ作戦』〔戦史叢書 10〕）

「戦果拡大のためには、空母六隻の投入は絶対に必要である」

と考えており、

「是が非でも軍令部から真珠湾攻撃作戦と、空母六隻投入の承認を得るように！」

と黒島に厳命して、旗艦である戦艦「長門」から送り出していた。そして、この後、本項の冒頭で少し触れたように黒島は、

「二つが承認されない場合、山本長官は辞任する意向である」

と切り出している。無論、これなども黒島を送り出す際に、山本が授けた秘策であろう。ともあれ、「承認されない場合、山本長官は辞任する意向」に驚いた富岡は、「個人的には承認する」とした上で、黒島を伴って第一部長の福留の部屋へ赴いた。次いで、福留も二つの承認には難色を示し、押し問答が続いたというが、黒島はここでも山本の辞任云々を切り出す。しかし、それを切り出されては、福留としてもなす術がない。

すぐさま、福留は上司である軍令部次長・伊藤整一海軍少将（前・連合艦隊参謀長）、軍令部総長・永野修身海軍大将の判断を仰いだが、永野が、

「山本がそこまでいうのならば、やらせてみよう」

と発言し、真珠湾攻撃作戦、空母六隻投入を承認した。要するに、黒島は山本の期待に見事に応えて、懸案だった軍令部の承認を勝ちとった訳である。

●ミッドウェーでの複雑な作戦が裏目に

同十六年十二月の真珠湾攻撃では第一航空艦隊による奇襲が成功し、未曾有の大戦果をあげることができた。同時に行なわれたマレー半島の攻略は基地航空隊と、第三航空戦隊司令官・角田覚治海軍少将が指揮した空母「龍驤」とが参加している。

また、フィリピン攻略作戦では航空隊の零戦が、マレー沖海戦では航空隊の一式陸上攻撃機、九六式陸上攻撃機が勝利に貢献した。各航空機の航続距離が長大だったのが大きくモノをいった感があるが、敵方の航空隊がまったく機能しなかった、空母を持っていなかった、などといった敵失（敵方の失態）に助けられた感も否めない。

ともあれ、以上のような緒戦の相次ぐ大戦果でその手腕を評価されていたはずの黒島だが、同十七年四月には早くも次のような動きがあった。人事権を握る海軍大臣・嶋田繁太郎海軍大将らは参謀としての黒島の資質を疑っていたのか、人事局長の中原義正海軍少将を連合艦隊へ派遣し、山本に黒島の更迭を打診したというのである。この時、山本は、

「黒島は自分（＝山本）が考えもつかない作戦を立案するし、また直言もしてくれる。だから、自分は黒島を手放さない」

と口にし、中原からの打診を一蹴した。

歴史に「もしも」は禁物だが、「もしも」この時点で黒島が更迭されるか、あるいは更迭の方針が決定していたならば、六月五日のミッドウェー海戦は中止されるか、遂行されたとしても様相の異なったものになっていた可能性が高い。しかし、アメリカなどの連合軍に対する第二段作戦の最初の作戦と位置づけられたミッドウェー海戦で黒島らの連合艦隊の参謀は、作戦立案、遂行の段階でいくつもの誤りを犯した。

その誤りとは、①ミッドウェーには敵の空母はいないと決めつけて作戦を立案した、②機動部隊（第一航空艦隊）のはるか後方に戦艦、巡洋艦などからなる主力部隊を配置した、③陽動作戦としてアリューシャン（ＡＬ）作戦を同時に行なって戦力を分散したこと、などがそれである。このうち、アリューシャン作戦は軍令部の提案で同時に遂行されたものだが、断るか、遂行時期を遅らせるという選択肢もあったように思う。

前後したが、黒島らは五月初旬の珊瑚海海戦で、アメリカ海軍の空母「レキシントン」と同「ヨークタウン」を沈没させた、とみなしていた。

けれども、実際は沈没は「レキシントン」だけで、大破した「ヨークタウン」は驚くべき突貫作業の末に、ミッドウェー海戦へ参加している。

また、情報分析に長けていたアメリカ軍は、この時点で早くも日本海軍の暗号解読に成功しており、連合艦隊がミッドウェー作戦を遂行することやその時期を摑んでいた。

結局、六月五日のミッドウェー海戦では第二航空戦隊司令官・山口多聞(たもん)海軍少将らの奮戦も空し(むな)く、第一航空艦隊は大敗を喫して主力の空母「赤城」など四隻を失っている。

なお、ミッドウェー海戦に限らず、黒島の立案する作戦は、概して緻密だが複雑であるため、敵方が予想外の動きをすると対応できないという難点があった。さらに、味方の大損害に対して、黒島らの連合艦隊司令部が的確に対処できなかったことも一再ではない。

もっとも顕著な例がこのミッドウェー海戦で、空母四隻を失ったことを知った連合艦隊司令部がアリューシャン作戦を遂行中の空母「龍驤(りゅうじょう)」と「隼鷹(じゅんよう)」に合同を命じたり、重巡洋艦部隊に夜襲を命じたりしている点である。さすがに、空母二隻の合同や夜襲は傷口を広げるだけと判断したのか、山本は涙を流しつつ、黒島らに作戦中止を命じている。

この頃から、長く「蚊帳(かや)の外」に置かれていた参謀長の宇垣が、作戦立案の面で存在感を示すようになる。それと正反対に、黒島の立案する作戦は一層精彩を欠くようになり、遂には司令部内での黒島の立場も微妙なものとなっていく。

●病気により山本の前線視察に動向せず

黒島が着任した当時、連合艦隊司令部には参謀長の下に八人の参謀がいたが、やがてポストの新設で参謀は先任、砲術、水雷、航空（甲、乙／二人）、航海、通信、戦務、機関の九人となった。さらに、同十六年十二月の真珠湾攻撃までには参謀長が伊藤から宇垣へと交代する一方で、砲術、航空（乙）は欠員となり、作戦、渉外、補給、連絡のポストが新設されて参謀は一一人に増えている。これらの参謀のうち、作戦立案の面で重用されたのは黒島の他は、作戦参謀の三和義勇（よしたけ）海軍大佐、戦務参謀の渡辺だが、三和は同十六年十一月の着任なので真珠湾攻撃の作戦立案にはほとんど関わっていない。

また、自室に籠（こ）もって食事にすら出てこない黒島に代わって、作戦の細部を詰めたのは渡辺とみられている。事実、軍令部へ赴いてミッドウェー作戦の承認を得たのは、（黒島ではなく）渡辺だった。一方、航空の分野を歩んだ三和は何度も部下として山本に仕えたことがあるという子飼（こが）いである。ちなみに、三和はしばしば山本の将棋（しょうぎ）の相手をした。

これは同十七年三月から十一月にかけてのことだが、作戦参謀の三和や水雷、航海、連絡の各参謀が連合艦隊を去り、これに伴って作戦、補給の各参謀は廃止となっている。一方、欠員だった航空（乙）参謀が補充されるなど、参謀の大幅な入れ替えが行なわれた。

けれども、当時、多くの海軍関係者にとって最大の関心事は、

「山本長官がいつ、仙人参謀（＝黒島）を更迭するか？」

の一点であった。同じ頃、山本が第三艦隊（機動部隊）司令長官・小沢治三郎（じさぶろう）海軍中将に、黒島

の後任を推薦するよう依頼したとする説もある。

しかし、山本の生きている間、更迭は行なわれてはいない。他方、当の黒島は長く下痢に悩まされており、同十八年四月十八日に山本が宇垣らを引き連れて前線視察へ飛び立った際も、行動をともにしなかった。同日午前六時、山本、宇垣らが分乗した一式陸上攻撃機二機は、ブーゲンビル島上空でアメリカ軍機の待ち伏せに遭遇し、山本ら二一人が戦死した（「海軍甲事件」）。この事件に関して、黒島は小沢から、

「山本長官の前線視察を即座に中止するか、もしくは護衛の零戦の数を増やすよう参謀長に必ず伝えるように」

とことづかっていながら、以上を宇垣に伝えなかったという話も伝えられている。

その真偽はともかく、後任の連合艦隊司令長官・古賀峯一海軍大将の着任に伴い、負傷した宇垣はもちろん、同行しなかった黒島、渡辺らも司令部を去った。

●軍令部で特攻兵器の開発を推進

正式な人事異動は七月だが、黒島は重責である軍令部第二部の部長に転じ、十一月には海軍少将へ進級する（同十九年二月から八月の間は第四部長も兼任）。本来、第二部の担当は戦備、補給の

はずだが、黒島は着任当初から特攻兵器開発の必要性を力説した。そして、エンジニアではないにも拘わらず、自ら海軍工廠（こうしょう）の技術員と協力して水陸両用戦車ともいうべき特四式内火艇（とくよんしきないかてい）、人間魚雷の「回天（かいてん）」や「伏龍（ふくりゅう）」の開発を推進している。このうち、特四式内火艇への思い入れは相当のものだったらしいが、実用化には程遠かった。

それが原因か否かは不明だが、黒島は同二十年五月に第二部長の職を解かれて軍令部出仕兼部員となり、この配置のまま八月十五日の終戦を迎えている。

よく知られているように、玉音放送の直後に元上司の宇垣は艦上爆撃機「彗星（すいせい）」で出撃したし、翌日には現在の上司である次長の大西も割腹（かっぷく）自殺した。さらに、黒島の部下だった国定謙男（かねお）海軍少佐は何と、二十二日に拳銃で一家心中（国定、妻、子供二人）を遂げている。

戦後、黒島は知人の豪邸に居候をしつつ哲学、宗教にのめり込む一方、科学教材を扱う会社を設立して山本の未亡人を副社長に据えた（自身はほぼ無給の常務に就任）。

そして、黒島は同四十年に病没した。七十二歳だった。

福留　繁　作戦承認に深く関わる軍令部第一部長

生没年＝明治二十四年（一八九一）〜昭和四十六年（一九七一）。出身地＝鳥取県。卒業年次＝海軍兵学校第四十期、海軍大学校（甲種）第二十四期。開戦時の階級＝海軍少将。開戦時の配置＝軍令部第一部長。

●真珠湾攻撃の可能性を最初に問われる

昭和十五年（一九四〇）三月の軍事演習で連合艦隊司令長官・山本五十六海軍中将に、

「あれ（＝航空機）で真珠湾をやれないか（＝攻撃できないか）？」

と持ちかけられたという人物である。この演習は——山本率いる第一戦隊（戦艦「長門」、同「陸奥」）と空母「蒼龍」を、第一航空戦隊司令官・小沢治三郎海軍少将（以上、階級は当時）が指揮する陸上攻撃機（陸攻）、艦上爆撃機（艦爆）八〇数機が攻撃する——という想定で行なわれた。当時、福留繁は司令長官の女房役・参謀長だったが、山本が真珠湾攻撃の作戦立案を本格化させつつあった同十六年四月に軍令部第一部長へ転じた。

以後、第一部長として作戦に強く反対しているが、戦後、福留は『史観真珠湾攻撃』などの著作に自身が反対したとは明記していない。おそらく、真珠湾攻撃が成功し、未曾有の大戦果が得られたため、「自分は反対だった」とは書けなかったのかも知れない。

そんな福留は、明治二十四年（一八九一）に現在の鳥取県大山町で生まれ、旧制米子中学校（現・県立米子東高校）を経て海軍兵学校を卒業した（第四十期）。海軍兵学校へ進んだのは、松江市に住んでいた叔父・渡辺竹三郎の影響とみられている。日本海軍の下士官だった渡辺は、駆逐艦に乗り組んで日本海海戦へ出撃した経歴を持つ。

そういえば福留は一回目の海軍兵学校受験は学科試験で不合格となり、二回目は視力検査で一旦は不合格となった。ただ、日頃の福留は特に視力に問題はなく、この時は薄暗い場所での検査だったために不合格になったのである。その事実を甥から聞い

福留　繁
（出典：『大本営海軍部・連合艦隊 <2>』〔戦史叢書 80〕）

た渡辺が試験官に再検査を願い出て許され、この措置によって福留は海軍兵学校に合格することができたという（福留繁『海軍生活四十年』）。

なお、冒頭で紹介した山本からの「あれで真珠湾をやれないか？」という問いかけに対して福留は、

「いや、今回は演習ですからうまくいっただけで、実戦ではとても航空機では……」

などとお茶を濁した上で、それよりも、

「戦艦を主力とする全艦隊がハワイ近海へ押し出す全力決戦の方がよいでしょう」

と答えた、と伝えられている。この回答からも窺えるように、福留は海軍砲術学校高等科を修了して砲術畑を歩んだ。特に、海軍大学校（甲種）を首席で卒業して以降は日本海軍を代表する戦略家とみなされるようになり、「戦略、戦術の神様」ともてはやす声すら上がる。

なお、時代などによって意味に変遷があるが、大まかにいうと戦術というのは戦闘を遂行する上での方策、戦略は広い範囲での戦術や戦争を全面的に遂行する方法をそれぞれ指す。ただ、これは福留一人の責任では毛頭ないが、開戦前の日本海軍では福留のような「戦略、戦術の神様」などと呼ばれる将官がいたとすると、海軍大学校を卒業したエリートたちがこぞってその「戦略、戦術の神様」の方針、戦術を真似るようになる。このため、上司がそれらの若いエリートに戦略、戦術に関して質問しても、どの人物もまったく同じような答えをしたという。

そういえば、斬新な発想、作戦を好んだ山本などはそういった点が非常に不満で、

「顔は違うのに、頭の中身は金太郎飴のようで困る」

とボヤいた、という。おそらく、山本は、

「どこを切っても同じ金太郎飴と同様に、発想がまったく同じで、面白み、斬新さがない」

と指摘したかったのだろう。ともあれ、福留は日本海軍が古くから掲げてきた「漸減作戦を経て艦隊決戦で勝敗を決する」という方針を信奉していたらしい。この漸減作戦とは艦隊決戦の前に、駆逐艦、潜水艦などの補助艦艇、陸攻や艦爆などの航空機で敵方の艦隊に少しでもダメージを与えるための作戦を指す。軍事演習で艦爆などの活躍を目の当たりにしても、「いかにして漸減作戦、艦隊決戦を成功させるか？」を研究してきた福留には、「軍事演習だから成功したのだ」としか映らなかったものと推測される。

●草鹿龍之介に素案の検討、分析を依頼

同十六年一月当時、福留の海軍兵学校同期の大西瀧治郎海軍少将は第十一航空艦隊参謀長で、海軍大学校同期の草鹿龍之介海軍少将は第一航空艦隊参謀長だった。その頃、海軍大将に進級していた山本は真珠湾攻撃の作戦立案を開始しており、大西に作戦の素案作成を命じ、大西は第一航空艦隊航空（甲）参謀の源田実海軍中佐の協力を得てこれを作成する。やがて、福留は大西から非公

式に素案を受け取るが、自説を述べたり、手直しを加えることなく、やはり非公式に草鹿に素案を渡して検討、研究を求めた。航空の分野は専門外であったのかも知れないが、これでは「丸投げ」と批判されても文句はいえまい。

六月中旬からはじまった連合艦隊、第一航空艦隊と軍令部との折衝でも、軍令部では第一部第一課長の富岡定俊海軍大佐、部員の神重徳（かみしげのり）海軍中佐らが矢面に立っている。

次いで、十月中旬、山本は側近である連合艦隊先任参謀・黒島亀人（かめと）海軍大佐を軍令部へ派遣し、真珠湾攻撃作戦の最終的な承認と、空母六隻投入の承認とを求めた。最初、黒島は富岡に右の二つの承認を求めたが、富岡は特に空母六隻投入には難色を示す。やむなく、黒島は、「二つが承認されない場合、山本長官は辞職する意向である」と伝える。

驚いた富岡は、「個人的には承認する」とした上で、黒島を伴って第一部長の福留の部屋へ赴いた。そして、福留も右の二つの承認には難色を示し、押し問答が続いたというが、ここでも黒島が山本の辞職の意向を持ち出す。しかし、「辞任の意向」云々（うんぬん）といわれては、福留としてもなす術（すべ）はない。すぐさま、上司である軍令部次長・伊藤整一海軍少将、次いで総長・永野修身（おさみ）海軍大将に判断を委ねる他はなかった。

それでも、永野によって右の二つが承認されて以降に福留は、作戦敢行の大任を担（にな）う草鹿に向かい、「しっかりやってくれ」とか、「（真珠湾攻撃に）成功して帰ったなら全員二階級特進だ！」など発破をかけている。また、それまで一日三箱吸っていた煙草を、きっぱりと止めた。周知の通り、第一航空艦隊は真珠湾攻撃に成功するが、大戦果を耳にしても福留は、大艦巨砲主義を捨て切れなかったという（『日本海軍の功罪』）。

また、先に少し触れた通り、戦後、福留が執筆した『史観真珠湾攻撃』には、「軍令部慎重を期す」、あるいは「軍令部は（中略）同意を与えなかった」などという婉曲な書き方に終始しており、「真珠湾攻撃に絶対反対だった」とは明記されていない。

いうまでもなく、現代でも「そんなプロジェクトは無謀だ！」と会議で主張しても、後にそのプロジェクトが軌道に乗ったり、大成功を収めたりすると「自分は絶対反対だった」とはいえなくなる。それと同様に、第一航空艦隊が真珠湾攻撃で大戦果をあげたため、福留も「自分は真珠湾攻撃に絶対反対だった」とはいえなくなったのだろう。

ちなみに、福留はこの『史観真珠湾攻撃』では最初から最後まで、同期である大西の名前を「大西滝二郎」と誤って記している。信じられないような誤謬という他はない。

●潜水艦長らの報告に対策を講じず

真珠湾攻撃後の福留の行動で留意すべきは、真珠湾攻撃で特殊潜航艇「甲標的」や潜水艦が一方的に攻撃を受け、沈没した事実に着目している点であろう。

十二月中旬以降になって、第一航空艦隊の各艦が意気揚々と引き揚げてくる一方で、同じく帰還した先遣部隊の潜水艦の艦長らは、ハワイ周辺では、

「駆逐艦、駆潜艇などの水上艦艇や、偵察機などの航空機の執拗な追跡を受け続けたため、敵方の艦船をみつけても攻撃の機会がほとんど得られなかった」

と報告した。いうまでもなく、真珠湾攻撃では攻撃隊の爆撃、雷撃よりも前だったにも拘わらず、五隻の「甲標的」の過半が敵方の手で沈没させられていた。また、開戦後には一方的な敵方の攻撃を受けて損傷を受けたり、沈没したと推測される潜水艦の事例も認められる。なお、開戦の時点で早くも、アメリカ海軍の太平洋艦隊は航空機や潜水艦の探知を目的とした兵器・レーダー、ソナーを実戦配備していた。敵方の一方的な攻撃はこのレーダーやソナーを駆使したものだったが、福留はその報告に接して愕然としたという。

しかし、福留はレーダーやソナーに関して踏み込んだ実態調査、さらには分析などの必要な対策を講じなかった。真珠湾攻撃などの第一段作戦が連戦連勝だったから、福留は報告に愕然としながらも、「対策を講じる必要はない」と判断したのだろう。

●作戦承認をめぐり「同じ手を二度食う」

ところで、開戦後の軍令部第一部長としての福留に触れる場合、避けて通ることができないのは軍令部によるミッドウェー作戦の承認の際の言動であろう。

あまり一般には取り沙汰されることが少ないように思うが、ミッドウェー作戦の承認の際は同十七年四月上旬、連合艦隊戦務参謀・渡辺安次(やすじ)海軍中佐が軍令部へ出向き、承認を求めようとした。しかし、この時も第一部第一課長の富岡、それに部員の三代辰吉(みよたつきち)(一就(かずなり))海軍中佐が作戦に、「危険が大き過ぎる」などとして激しく難色を示す。三人のうち、渡辺と三代は海軍兵学校の同期(第五十一期)であるためか、両者は丸三日間も押し問答、激論を続けたという。やがて、同月五日になって「これではとてもラチが開かない」と判断した渡辺は、軍令部から連合艦隊の旗艦である戦艦「大和(やまと)」へ電話を入れた。

その頃、柱島沖(はしらじまおき)の瀬戸内海に停泊する「大和」と、東京の軍令部とは直通電話でつながっていたのである。直通電話で山本の意向を再確認した渡辺は、富岡、三代に向かい、

「作戦が承認されない場合は、山本長官は辞任する意向である」

と切り出した。さらに、渡辺は以前、上司である参謀長だった軍令部次長・伊藤整一海軍少将に富岡、三代が作戦に激しく難色を示していること、山本に辞任の意向があることなどを伝えた。真

珠湾攻撃作戦の承認と同様に、「承認されない場合は、山本長官は辞任する意向である」に驚いた伊藤、さらには第一部長の福留は、「承認やむなし」という判断に傾く。それにしても、渡辺の言動は、かつての黒島のそれとまったく同じである。

無論、「山本長官は辞任する意向である」というのは真珠湾攻撃作戦の承認の時と同様、山本が渡辺に授けた秘策の一つだったに違いない。一方、渡辺が福留を飛び越して次長の伊藤に直談判したのもまた、山本が考えついた秘策の一つだった可能性がある。

しかし、相撲（すもう）の世界に「江戸の大関は同じ手を二度食わない（＝同じ技で二度負けない）」という言い回しがあったように思うが、山本が授け、黒島、次いで渡辺が繰り出した同じ手で、軍令部が危険この上ない作戦をやすやすと承認してしまった点には驚かされる。また、ミッドウェー作戦を承認するにしても、第一部長として何か「打つ手はあった」のではないかと思われてならない。

なお、ミッドウェー作戦に際して、連合艦隊はアリューシャン（AL）作戦も同時に遂行している。このアリューシャン作戦は空母「龍驤（りゅうじょう）」と「隼鷹（じゅんよう）」などを派遣し、アラスカの西南端にあるアリューシャン列島を占領しようという作戦だが、『ミッドウェー海戦』（〔戦史叢書43〕）には何とこの作戦を、「軍令部が連合艦隊へ提案した」と明記されている。本来、軍令部は大規模、複雑なミッドウェー海戦の整理、縮小といった牽制球（けんせいきゅう）を投げるべきであったのに、何と貴重な空母二隻の他への転用を提案したというのである。「開いた口が塞（ふさ）がらない」というのは、こういうことを指すのであろう。

後に、連合艦隊司令部も、空母二隻を転用したことを悔やんでいる。

●参謀長に復帰後、重要書類を奪われる

先に触れたように、福留は同十四年十一月から同十六年四月まで連合艦隊参謀長の職にあり、以後は軍令部第一部長の職にあった。ところが、同十八年四月十八日、一式陸上攻撃機二機に分乗した山本、参謀長・宇垣纏（うがきまとめ）海軍少将が、ブーゲンビル島上空で敵機の待ち伏せに遭遇し、山本は戦死し、宇垣は重傷を負った（「海軍甲事件」）。

やがて、山本の後任に古賀峯一（みねいち）海軍大将が内定するが、古賀は開戦時は支那（しな）方面艦隊司令長官として上海（シャンハイ）におり、同十七年十一月以降は横須賀鎮守府（ちんじゅふ）司令長官だったという経歴の持ち主である。

なお、支那方面艦隊は日中戦争のために編成された艦隊で、また横須賀、呉（くれ）、佐世保、舞鶴（まいづる）に置かれていた各鎮守府は海軍区の防禦（ぼうぎょ）、軍艦への補給、下士官・兵の教育などを受け持っていた。

要するに、古賀は太平洋戦争では実戦経験がなく、連合艦隊の作戦に直接関わるポストの経験がなかったのである。そういった自らの経験不足を熟知していた古賀は、当初、生き残った参謀長、参謀を連合艦隊司令部に残留させる方針だったらしい。

しかし、連合艦隊司令長官の内示を受けた古賀が「横須賀鎮守府司令長官の前線視察」と称して

ラバウルへ赴(おもむ)いてみると、参謀長の宇垣の負傷は聞いていたよりも重く、また他の参謀も相当混乱していた。以上のような状況を鑑(かんが)みて、古賀はこの機に参謀長や主要な参謀を一新することを思い立つ。古賀は人事の第一弾として、参謀長の経験があり、開戦前から軍令部第一部長として作戦に深く関わってきた福留の参謀長再任を海軍省へ強く申し入れた。福留にとっては一年七か月ぶりに、再び参謀長のポストへ着いた恰好(かっこう)になる。

なお、福留はこの間の同十七年十一月、海軍中将に進級している。しかし、その古賀も敗勢を食い止めることができないまま、「ろ号作戦」で惨敗(ざんぱい)を喫した。

この後、連合艦隊は第一航空戦隊、第二航空戦隊の航空機や、重巡洋艦など十数隻をラバウルへ集結させたが、この時もアメリカ軍に無電を解読されたのだろう。重巡洋艦などはラバウルへ着くや否や空襲を受け、大きな損害を出す。以上の集結作戦は、開戦前、「戦略、戦術の神様」ともてはやされていた福留の発案であるという。

次いで、同十九年三月になると、連合艦隊の拠点であった中部太平洋のトラック諸島、パラオ諸島が大空襲を受けるにいたった。危機感を感じた古賀、福留は同月三十一日夜、二式飛行艇三機に分乗してフィリピン・ダバオへの脱出を試みたものの、古賀らが乗った一番機は行方不明となり、福留らが乗った二番機はセブ島へ不時着した（三番機は無事、ダバオへ到着）。

不時着後、福留らは何と、一時的ながら地元のゲリラの捕虜となり、作戦遂行に関する重要書類を奪われる。幸いにも、福留らは日本陸軍の部隊によって救出されるが、奪われた重要書類はアメリカ軍の手に渡った。

その重要書類はZ作戦指導腹案と呼ばれることもあるが、その腹案には当時（同十九年三月時点）の連合艦隊の兵力や、軍艦、航空機などの建造、製造の予定、部隊の配置や移動の予定、具体的な戦術、攻撃目標、今後の作戦構想などが記されていたものと推測されている。一説に、不時着した二式飛行艇には腹案が二部積み込まれており、同乗していた別の参謀が持っていたものが最終的にアメリカ軍の手に渡ったという見方も根強い。

それによると、福留は持っていた腹案をゲリラに奪われたが、何らかの理由――アメリカ軍が腹案の入手を秘匿（ひとく）する目的など――で意図的に破棄されたという。いずれにしても、事実であれば福留は道義的な責任を問われても仕方がなかったろう。

以上の、古賀の遭難（のち殉職（じゅんしょく）と認定）と、ゲリラによる福留らの一時的な身柄拘束（こうそく）、重要書類の紛失とを「海軍乙事件」という。

この後、海軍省は尋問を行なうが、福留は一時的ながら人質となっ

二式飛行艇
（出典：『沖縄方面海軍作戦』〔戦史叢書 17〕）

たこと、重要書類を奪われたことを頑として認めなかったため、海軍省は福留の言を鵜呑みにしてしまう。結局、処分を受けないまま福留は六月に第二航空艦隊司令長官に着任する。さらに、同二十年一月に第十方面艦隊司令長官（のち兼第十三航空艦隊司令長官、第一南遣艦隊司令長官）となってシンガポールで終戦を迎えた。

なお、奪われた先の重要書類は、アメリカ海軍情報部の手で翻訳され、以後の連合軍の作戦立案、遂行に大いに役立てられたとされている（ジョーゼフ・ハリントン『ヤンキー・サムライ』）。もっとも、以後も自身の大失態を認めなかった福留は、「そんなことは絶対にありえない」と著書である『海軍生活四十年』に明記している。

戦後、福留は駐アメリカ大使だった野村吉三郎海軍大将らを中心とする元海軍軍人のグループに属して活動し、防衛庁顧問、水交会理事長などの要職を歴任した。他に、福留は野村らと共に戦犯の救済、軍人恩給の復活、水交会の再建、戦死者の慰霊、戦艦（記念艦）「三笠」の保存などの活動も手がけている。さらに、野村、福留らは日本海軍の再建などを実現しようとしたが、無論、これは実現していない。

同四十六年、福留は病没した。八十歳だった。

宇垣(うがき)　纏(まとめ)　「蚊帳(かや)の外」に置かれ続けた参謀長

生没年＝明治二十三年（一八九〇）〜昭和二十年（一九四五）。出身地＝岡山県。卒業年次＝海軍兵学校第四十期、海軍大学校（甲種）第二十二期。開戦時の階級＝海軍少将。開戦時の配置＝連合艦隊参謀長兼第一艦隊参謀長。

●一度は山本五十六に忌避される

昭和十六年（一九四一）八月から連合艦隊参謀長の職にあったが、司令長官の山本五十六(いそろく)海軍大将には重用されず、作戦立案に関しては常に「蚊帳(かや)の外」に置かれたという提督である。そのような境遇に陥(おちい)ったのは、山本やその取り巻きが、「宇垣纏(うがきまとめ)は頑迷(がんめい)な大艦巨砲主義者」と早合点したからだった。ただし、宇垣は砲術畑の海軍士官ではあるが、コチコチの大艦巨砲主義者ではない。何よりも、宇垣は来るべきアメリカとの戦いが、航空機を中心としたものになるであろうことを見抜いていた。そんな宇垣は明治二十三年（一八九〇）に現在の岡山市東区で生まれた。次いで、宇垣は旧制岡山中学校（現・県立岡山朝日高校）を経て海軍兵学校を卒業する（第四十期）。同期には後年、真珠湾攻撃に深く関わることになる大西瀧治郎、山口多聞らがいた。

その後は海軍砲術学校高等科、海軍大学校（甲種）を修了、卒業し、海軍大学校教官、連合艦隊参謀、戦艦「日向」艦長などを歴任して、同十三年十一月に海軍少将に進級する。なお、宇垣一成陸軍大将、宇垣完爾海軍中将、宇垣松四郎陸軍少将らは遠縁で、同郷である。また、海軍兵学校では宇垣完爾が一期先輩だが、海軍少将へ進級したのは同十四年十一月で一年遅い。

宇垣　纏

（出典：『沖縄方面海軍作戦』〔戦史叢書 17〕）

そして、宇垣は同十三年十二月に海軍軍令部第一部長、同十六年四月に第八戦隊司令官を経て、八月に連合艦隊参謀長（兼第一艦隊参謀長）に抜擢された。そういえば、四月の段階で海軍大臣の及川古志郎海軍大将は、宇垣を連合艦隊参謀長に据えようと試みる。しかし、それを連合艦隊に打診したところ、山本らから猛烈な反対意見が出た。実は、宇垣は軍令部第一部長だった時、潜水艦部隊である第六艦隊の創設などの面で功績を残す一方で、連合艦隊から提出された航空機増産の要求に微温的に接していたのである。

　このことを「根に持っていた」山本が、宇垣を忌避（きひ）したのに違いない。やむなく、及川は参謀長に伊藤整一海軍少将を据え、宇垣を第八戦隊司令官に据えている。

●着任後は「蚊帳の外」に置かれる

　ところが、どうしても宇垣を据えたい及川は、通常は海軍中将のポストである軍令部次長に伊藤を引き抜き、後任の参謀長に宇垣を据えた。及川は「してやったり！」と思ったろうが、この当時、山本はすでに真珠湾攻撃を実施する決意をし、連合艦隊の先任（首席）参謀・黒島亀人海軍大佐、戦務参謀・渡辺安次（やすじ）海軍中佐らに細部の検討を命じていたのである。したがって、宇垣は着任直後から、「蚊帳の外」に置かれることを強いられた。

　ところで、宇垣は『戦藻録（せんそうろく）』と題した日記を執筆しているが、その『戦藻録』は現在、真珠湾攻撃の二か月前に当たる十月十六日からのものが現存している。その日から同十七年六月五日のミッドウェー海戦あたりまでの『戦藻録』には、山本や黒島らの言動が他人事のように、ただ淡々と記されている。やはり、宇垣は「蚊帳の外」に置かれていたのだろう。

そういえば、同十七年七月に土居一夫海軍少佐が通信参謀として連合艦隊へ着任した当日、宇垣は広島県呉(くれ)市の料亭で一人で酒を呑み、山本と他の司令部の要員は別の料亭で宴会を開いていたという（土居一夫「わが長官を語る」『日米開戦と山本五十六』）。

前後したが、上官、部下に敬礼しないことのある宇垣には傲慢不遜(ごうまんふそん)という評価があり、また周囲からは「鉄仮面」、あるいは「黄金仮面」なる綽名(あだな)すら頂戴していた。

参謀長に就任した翌月（九月）半ば、その「鉄仮面」こと宇垣は「良くも、悪くも」艦隊内部に存在感を示している。具体的には、それは同月十六日の、海軍大学校での真珠湾攻撃の図上演習の際のことだった。この図上演習では第一航空艦隊司令長官・南雲忠一(なぐもちゅういち)海軍中将が青軍（同艦隊）を、軍令部の小川貫爾(かんじ)海軍大佐が赤軍（アメリカ太平洋艦隊）を指揮したが、一回目の図上演習では赤軍の待ち構える中へ突入したため、青軍では損害が続出したと判定される。その損害は攻撃隊の半数が撃墜され、六隻の空母のうち、二隻が撃沈されるという甚大(じんだい)なものであった。次いで、引き続き行なわれた二回目では、（実際と同様に）青軍は北方航路を航行し、日の出三十分前に赤軍の偵察機の行動圏外から攻撃隊を発進させることで奇襲に成功した、と判定された。この直後、宇垣は、

「赤軍は甚大な被害を受けた。これに対して、青軍は攻撃隊も、水上部隊も、ほぼ無傷」

と判定する。ただし、かかる一方的な宇垣の判定は、第一航空艦隊参謀長の草鹿龍之介(くさかりゅうのすけ)海軍少将が「不健全な演習」と断じ、第十一航空艦隊司令長官の塚原二四三(にしぞう)海軍中将も「逆に混乱を招い

た」と斬って捨てるなど、概して不評だった。一方、宇垣は図上演習の際の南雲の指揮ぶりを危ぶみ、更迭を進言して山本の同意を得たという（『戦藻録』）。

●玉音放送の後に部下を率いて出撃

結局、更迭されることのないまま迎えた真珠湾攻撃では、南雲率いる第一航空艦隊が奇襲に成功して未曾有の大戦果をあげた。この時、宇垣はかつて司令官をつとめた第八戦隊（重巡洋艦「利根」、同「筑摩」）が無傷で帰還したことを、我がことのように喜んだ。

次いで、山本、黒島らの意気込みも空しく、同十七年六月のミッドウェー海戦では虎の子の空母四隻を一挙に失うという大敗を喫する。先任参謀の黒島らが呆然自失

軍艦利根筑摩之碑（「利根」と「筑摩」は真珠湾攻撃で支援部隊をつとめた重巡洋艦）
（京都府舞鶴市・舞鶴海軍墓地）

重巡洋艦「利根」
（出典：『ハワイ作戦』〔戦史叢書 10〕）

となる中、宇垣は参謀長として的確な指令を出し、司令部の立て直しに奔走した。

　そんな宇垣を評価したのか、山本は十月一日に旗艦「大和」の参謀長室を初めて訪問したが、『戦藻録』にはその時のことが「打解けたる雑談共に楽し」と記されている。仮に、もっと早くに両者が打ち解けていたら、同海戦の様相も違ったものになっていたかも知れない。なお、大敗しても司令部が責任を追及されることはなく、宇垣も十一月には海軍中将へ進級した。

　ところで、同十八年に入る頃には、山本と宇垣とは黒島を更迭することで意見が一致していたらしい。けれども、四月十八日に一式陸上

戦艦「大和」の四十六センチ主砲弾
（名古屋市中区・愛知縣護國神社）

戦艦「大和」
（出典：『海軍捷号作戦 <2>』〔戦史叢書 56〕）

攻撃機二機に分乗して前線視察に出かけた山本と宇垣は、ブーゲンビル島上空で敵機の待ち伏せに遭遇し、一番機の山本ら一一人は全員戦死し、二番機の宇垣ら三人が負傷、九人が戦死した（「海軍甲事件」／14頁「山本五十六」の項参照）。視察が宇垣の発案で、視察の前に同じ内容の暗号無電を二度打ったことが「待ち伏せにつながった」などと取り沙汰されている。ともあれ、右腕を骨折した宇垣は自ら参謀長の辞任を申し出て海軍軍令部出仕となり、療養生活へ入った。

同十九年二月、傷が癒えた宇垣は第一戦隊司令官となるが、その時のことが、

「長門に着任。中将旗を掲げ死所とす」

と、先の『戦藻録』には記されている。この後、同戦隊の旗艦は戦艦「長門」から同「大和」へ変わるが、十月のレイテ沖海戦では座乗していた第二艦隊司令長官・栗田健男海軍中将が、いわゆる「謎の反転」を行なった。これをみた宇垣は、レイテ湾を指さしつつ、

「参謀長！　敵はあっちだぜ！」

と叫ぶが、栗田や参謀長・小柳富次海軍少将は翻意せず、第二艦隊は大敗を喫する。

その後、宇垣は軍令部出仕を経て、同二十年二月に第五航空艦隊司令長官に就任した。ちなみに、第五航空艦隊とは名ばかりで、実際には九州の航空隊を中心とした基地航空部隊である。けれども、すでにアメリカ軍に制空権を握られていたため、宇垣は麾下の航空隊に繰り返し特攻を命じた。しかも、搭乗員や航空機、燃料が不足などもあって、敗勢を食い止めることはできないまま八

月十五日の玉音放送を耳にする。ところが、宇垣は停戦命令が届いていないとした上で、艦上爆撃機「彗星（すいせい）」一一機を率いて沖縄沖の敵艦へ特攻として攻撃を試みた。「彗星」からは「敵艦へ突入する」旨の打電がなされたが、実際には「彗星」は伊江島（沖縄県伊江村）付近へ墜落する。宇垣は五十五歳だった。

なお、岡山縣護國神社（岡山市中区）の境内には、宇垣一成の銅像、宇垣纏提督十七勇士菊水之塔、菊水慰霊碑が建立されている。

宇垣纏提督十七勇士菊水塔
（岡山市中区・岡山縣護國神社）

艦上爆撃機「彗星」
（出典：『沖縄方面海軍作戦』〔戦史叢書 17〕）

吉川猛夫（森村　正）　真珠湾を監視し続けた有能な軍事スパイ

生没年＝明治四十五年（一九一二）〜平成五年（一九九三）。出身地＝愛媛県。卒業年次＝海軍兵学校第六十一期。開戦時の階級＝海軍少尉（予備役）。開戦時の配置＝軍令部第三部第八課部員（嘱託）、外務省在ホノルル総領事館員。

●軍令部の嘱託から総領事館員に化ける

軍令部嘱託だったが密命を受けて森村正と変名し、外務省在ホノルル領事館の館員となって真珠湾を監視したという人物である。そういえば、映画『007シリーズ』の原作者である作家のイアン・フレミングは第二次世界大戦中にイギリス海軍情報部所属の軍事スパイだった時期があるが、おそらく吉川猛夫のように功績をあげた者は同時代の軍事スパイの中でも稀だろう。

そんな吉川は明治四十五年（一九一二）に愛媛県松山市で生まれ、旧制松山中学校（現・県立松山東高校）を経て海軍兵学校を卒業した（第六十一期）。しかし、病気のために休職を余儀なくされ、昭和十三年（一九三八）九月に海軍少尉で予備役に編入される。次いで、同月、軍令部の嘱託となり、第三部第八課の部員として勤務した。同十五年五月頃、吉川は駐在武官補佐官の経験があった第五課の課長・山口文次郎海軍大佐から、

「在ホノルル領事館の館員となってくれんか？」

と持ちかけられた。どうやら、軍令部は早くから英語や暗号が得意な吉川に目をつけ、将来、総領事館員の身分を与えて真珠湾を監視させようと目論（もくろ）んでいたらしい。しかも、

「赴任に際しては予備役の海軍少尉であることを秘匿（ひとく）し、変名を用いよ」

というのだから、相談と称する命令を受けた吉川もはじめは相当面食（めんく）らったことであろう。それでも、吉川は肚（はら）を決め、総領事館員・森村正として同十六年三月にハワイ・オアフ島のホノルルへ赴任（ふにん）した。現地では喜多長雄（きたながお）総領事の全面的な協力を得つつ、一人で真珠湾を母港とするアメリカ海軍の太平洋艦隊の監視に従事する。

幸いなことに、ホノルルの高台の真珠湾を一望できる場所には、日本料亭「春潮楼（しゅんちょうろう）」があった。そこで、吉川は遊興や休憩を装（よそお）ってしばしばこの「春潮楼」を訪れ、特に眺望（ちょうぼう）のよい二階の一室から望遠鏡で真珠湾を監視する。ある時は、魚釣りを装って湾口へ赴き、黄昏時（たそがれどき）に海へ潜って、潜水艦の侵入を遮（さえぎ）る防潜網（ぼうせんもう）の有無を確かめようとしたこともあった。

さらに、当時の日本海軍の軍事拠点では絶対あり得ないことだが、この頃のオアフ島には民間の

飛行学校があり、民間の航空会社による真珠湾上空の遊覧飛行も行なわれていたのである。特に、後者に着眼した吉川は、「遊覧飛行をしたい！」という現地在住の女性の連れを装うかたちで、真珠湾を空から監視することにも成功した。以上のような方法で得られた情報を吉川は、喜多の手を借りて約二五〇回も外務省へ送っている。無論、軍令部は、あらかじめ暗号を決めていた。たとえば、NHKラジオの海外放送で「東の風、雨」と放送された場合は、「重要書類を焼却せよ」という意味だったという。

ともあれ、打電された情報は外務省から軍令部へ送られ、次いで連合艦隊へも回されて作戦立案の参考とされている。それにしても、真珠湾攻撃に反対していたはずの軍令部が、軍事スパイを仕立てて真珠湾を監視させていたという事実には驚かざるを得ない。

●攻撃の前日まで真珠湾を監視する

前後したが、軍令部からは時折、監視活動に関する具体的な指令があった。ある時などは喜多がホノルルに寄港した客船のボーイ（実は軍令部参謀）から、秘かにこよりを受け取ったこともある。そのこよりには、小さい字で一〇〇項目以上の指令が記されていたという。やがて、九月頃からは真珠湾の戦艦、空母の動向などに関する指令が増えていく。ただ、第一航空艦隊が真珠湾攻撃の準備に入っていたことは、喜多や吉川にはまったく知らされていなかった。それでも、喜多と吉川は軍令部からのそれらの指令を眺めつつ、

「もしかしたら海軍は、真珠湾を攻撃するつもりなんじゃないか？」

と考えるようになる。ちなみに、吉川が予備役の海軍少尉で、軍令部の密命を受けて真珠湾を監視しているという事実は、喜多以外には誰にも知らされていなかった。

また、二人は真珠湾の監視に関する相談をする際は総領事館の庭先で行ない、連絡のために使ったメモはその場で焼却したとされている。そのようにして秘密保持を徹底したためか、吉川の本当の身分、任務が他の総領事館員や日系人に露顕することはなかった。

そんな状況下の十一月下旬、第一航空艦隊は択捉島・単冠湾を出撃し、後には連合艦隊からの無電「ニイタカヤマノボレ一二〇八」を受信した。すなわち、第一航空艦隊は十二月八日（現地時間では七日）に真珠湾を攻撃するよう指令を受けた訳である。

しかし、やはり以上の事実を知らぬまま、吉川は現地時間六日までの監視結果を外務省へ、

「一、五日夕刻入港せる空母二隻、重巡十隻は六日午後全部出港せり。
二、六日夕刻、真珠湾在泊艦船は、戦艦九隻、軽巡三隻、四隻入渠中（以下略）」
などと報告した。結果として、これが吉川による最後の報告となった。

●交換船で帰国後に軍令部へ復帰

　翌日（現地時間では七日）は日曜日だったので総領事館は休みで、吉川は朝七時五十五分、下宿で朝食を摂っていた。その刹那、ジリジリと窓ガラスが鳴った後、ズシーンと腹に響く音を吉川は感じる。瞬時に、「遂にはじまった！」と悟った吉川は、すぐに走って総領事館へ駆けつけた。他の総領事館員も相次いで駆けつけたが、まもなくアメリカの警官とＦＢＩの一隊が総領事館内へ侵入し、喜多、吉川らを軟禁状態に置く。

　このため、吉川は自分の行なった報告が役に立ったのか、真珠湾攻撃が成功したのかを確認することが、この時点ではできていない。しかし、無論、吉川の報告は作戦の立案、遂行に際して大変役に立ち、奇襲を成功させた第一航空艦隊は未曾有の大戦果をあげた。

　やがて、喜多、吉川らの総領事館員はアメリカ海軍の駆潜艇（潜水艦攻撃用の小型艦艇）でアメリカ本土へ送られ、さらにアリゾナ州の砂漠にある収容所へ送られた。

　次いで、同十七年六月、外務省の駐アメリカ大使の野村吉三郎海軍大将や喜多、吉川らは、日本にいたアメリカの外交官らと交換というかたちで交換船でアフリカ・ロレンソマルケス（マプト／現・モザンビークの首都）へ向かった。そして、ロレンソマルケスで日本から来た交換船に乗り換えた上で、八月に母国へ上陸する。無論、上陸するまで、吉川は総領事館員の森村正で通し、遂に

ＦＢＩをはじめとするアメリカ側を欺き通した。

帰国後、吉川は軍令部に復帰している。軍令部の幹部の中には、ある参謀のように吉川の功績を「生きながらの二階級特進だ！」などと高く評価する者もいるにはいた。

しかし、連日、太平洋艦隊の動向、アメリカの国力を目の当たりしてきた吉川と異なり、「敵を知らない」軍令部や海軍省の軍人の多くは吉川の言に耳を傾けようとはしなかった。これには復帰後に戦況分析に当たっていた吉川も立腹し、辞職の手続きが終わらないうちに郷里へ帰っている。

以後の吉川は軍需工場へ勤務するが、同二十年八月の終戦に伴って失職した。次いで、吉川は闇屋となって大儲けするが、ＧＨＱが戦争犯罪の追及を開始したため、家を出て雲水（修行僧）に化け、この時も遂にアメリカ側を欺き通した。

同二十七年、ようやくＧＨＱによる占領が終わったことから、吉川は自身の軍事スパイとしての経験を『東の風、雨――真珠湾スパイの回想』と題して世に問うている。この著作は以後、『真珠湾スパイの回想』や『真珠湾のスパイ』と改題の上で刊行された。

平成五年（一九九三）、吉川は病没した。八十歳であった。なお、先に触れた『東の風、雨――真珠湾スパイの回想』は真珠湾攻撃や軍事スパイの研究に不可欠の手記であることから、吉川の死後の同二十七年にも『私は真珠湾のスパイだった』と改題の上で刊行されている。

第3章　攻撃兵器の改良、生産、訓練に尽力した将官たち

愛甲（あいこう）文雄　浅海面（せんかいめん）魚雷を開発した寡黙な努力家

生没年＝明治三十四年（一九〇一）〜平成三年（一九九一）。出身地＝鹿児島県。卒業年次＝海軍兵学校第五十一期。開戦時の階級＝海軍中佐。開戦時の配置＝海軍省航空本部技術部員兼教育部員、第二部員。

●横須賀航空隊で「アラ探し」に着手

水上、水中を進む巡洋艦、駆逐艦、潜水艦から発射される九三式、九五式の酸素魚雷と異なり、空を飛ぶ陸上攻撃機、艦上攻撃機から発射される九一式航空魚雷は当初、浅海面（せんかいめん）（浅い海面）では使用できなかった。その理由は発射した後、一端、何十メートルも水中深く沈むからである。これでは水深が一二メートル程度と浅い真珠湾では魚雷が使えないことになるが、苦心惨憺（さんたん）の末に九一式航空魚雷に改良を加え、九七式艦攻による雷撃を可能にしたのが努力家の愛甲文雄だった。

そんな愛甲は明治三十四年（一九〇一）に現在の鹿児島県薩摩川内（さつませんだい）市で生まれ、旧制川内中学校

（現・県立川内高校）を経て海軍兵学校を卒業した（第五十一期）。

ところで、九一式航空魚雷の改良に心血を注ぐことになる愛甲だが、もともとは航空の専門家ではなかったし、エンジニアでもない。当初は海軍水雷学校高等科に学んで水雷畑を歩き、水雷艇「千鳥」艇長、駆逐艦「藤」艦長などを歴任していた。この間、同「薄（すすき）」の艦長を兼務したこともあるが、その愛甲に昭和十二年（一九三七）十二月、横須賀航空隊付の辞令が出た。愛甲が執筆した「浅海面魚雷の完成」（『日米開戦と真珠湾攻撃秘話』所収）によると、愛甲は同航空隊では雷撃術専攻の特修科学生を命ぜられたが、

「学生といっても、雷撃のアラ探しをして航空本部教育部と連絡をとりながら早く戦争に使える雷撃にしてもらうのが仕事なんだよ」

という「ご託宣（たくせん）（＝命令）」を上司の教頭・今村脩（おさむ）海軍大佐から受けたという。以上のような命令を受けた愛甲は、同期で、やはり水雷畑だった片岡政市海軍少佐をスカウトして、二人で雷撃のアラ探し、すなわち魚雷の改良に邁進した。

なお、当時は低速の艦攻に代わって、比較的高速の九六式艦上攻撃機が登場していた。一方、やはり比較的高速の九六式陸上攻撃機も登場したが、同十年代に入ると中国戦線での敵方の対空砲火が精度を上げていたのである。以上のような情勢を受けて、陸攻、艦攻による遠距離、高い高度からの高速雷撃が求められた。

そういった要望を受け、九一式航空魚雷の改良に着手したのだが、あまり知られてはいないが愛甲らは改良の他に「大きな仕事」をやってのけている。その「大きな仕事」とは酸素魚雷である九四式航空魚雷二型の製造、配備を中止させたことに他ならない。当時、岸本鹿子治(かねじ)海軍少将、朝熊(あさくま)利英海軍造兵中佐、大八木(おおやぎ)静雄海軍中佐らによって高性能の巡洋艦、駆逐艦用の九三式酸素魚雷、潜水艦用の九五式酸素魚雷が開発され、製造、配備が軌道に乗りつつあった(112頁「岸本鹿子治」の項参照)。次いで、陸攻、艦攻用の酸素魚雷・九四式航空魚雷二型の製造、配備も目前だったが、愛甲らは、

「陸上の航空隊や空母を基地、母艦とする陸攻、艦攻では酸素魚雷は危険過ぎる」

として製造、配備を中止させたのである。確かに、酸素魚雷は遠距離からの雷撃が可能で、かつ命中した時の威力も凄(すご)いが、機銃弾が一発命中しても爆発するという脆(もろ)い一面を持っていた。これでは航空隊や空母での運用は難しい。賢明な判断であるといえよう。

●九一式航空魚雷の改良に邁進

記録画像の中には、爆撃機から投下された爆弾が回転しながら目標に向かう光景が認められる。あの種の光景はちょうど擂(すり)こぎ棒と擂鉢(すりばち)を使って味噌(みそ)を擂るのに似ているので、日本海軍では「味

噌を揺る」といっていたという。しかし、艦攻による雷撃で「味噌を揺る」と、着水後にあらぬ方向へ進んで命中は覚束ない。そこで、愛甲らは各種の安定装置を取り付け、発射してから着水するまでの九一式航空魚雷の転動（回転）を防止する方法を考案した。その安定装置の一つが、厚さ数ミリメートルの木製（桐、もしくは樅を原料とするベニヤ）の框板である。框板を用いると比較的高い高度で魚雷を発射しても転動は起こらないし、水中深くに沈むことも防ぐことができた。加えて、着水時の衝撃で框板は魚雷と分離するので、着水後の魚雷の進路には悪影響がないことを愛甲らは確認する。

これに気を良くした愛甲らは、同十四年九月に予備実験を開始し、十月には早くも期待通りの実験結果を得ることに成功する。すなわち、框板を取り付けた魚雷の七五パーセントは着水時、水深一二メートル以上は沈まないし、魚雷は一〇〇パーセント、あらぬ方向にも進まない。しかも、框板を取り付けることで、魚雷の炸薬（火薬）の量を増やすことができることも判明する。

そんな矢先の十一月中旬、愛甲は連合艦隊付を命じられた。この人事は、連合艦隊司令長官・山本五十六海軍大将の強い意向で実現したものである。

なお、連合艦隊の旗艦である戦艦「長門」で着任の挨拶をした際、愛甲は山本から、

「もし太平洋で戦争が起きたらあの魚雷を航空攻撃兵器の主兵器にするから」

といわれたという。当時、海軍少佐だった愛甲が感激したのはいうまでもない。次いで、愛甲は

同十五年十一月に海軍省の航空本部技術部員兼教育部員、第二部員に転じ、本格的に浅海面魚雷の開発に邁進することになった。この段階で、当初は十文字型であった框板を箱型にするなど、愛甲はさまざまな改良を加えている。そして、遂に艦攻が高度三〇メートル、時速一五〇ノット（時速約二七八キロメートル）で発射した魚雷の沈み込みを一〇メートル以内に収めることに成功する。実験成功は同十六年のはじめだったが、すぐさま軍令部から三菱重工業長崎兵器製作所に浅海面魚雷である九一式航空魚雷一〇〇本の製造命令が出た。しかも、納期は十一月三十日（のち十五日繰り上げ）であるという。

無論、実際の製造責任者は同製作所長に転じていた岸本だが、愛甲は框板の製造をヨット製造で定評のあった茅ヶ崎製作所などに発注したり、魚雷の発射訓練場の選定などの業務に忙殺された。さらに、愛甲は艦攻の第一人者である村田重治海軍少佐らと実験、打ち合わせを重ね、九一式航空魚雷に関して絶対の自信を得るにいたった。

●真珠湾攻撃の当日は切腹を覚悟

それでも、万が一、真珠湾攻撃の当日に村田らの九七式艦攻による雷撃が成功しなかったならば、愛甲は「腹を切る」覚悟であった。このため、前日の十二月七日（日曜日）が人生最後の日になるかも知れないと考え、家族とともに蜜柑狩り（みかんがり）に興（きょう）じたという。

幸いにも、八日の早朝（現地時間は七日）の真珠湾攻撃では愛甲の考案した框板などが功を奏し、戦艦「ウェストバージニア」などの撃沈といった大戦果を得た。以上の功績により愛甲は、司令長官の山本から何度も感状を送られている。その後、太平洋戦争終盤の同十九年十月、愛甲は海軍大佐へ進級した。

戦後、愛甲は工場を経営し、経済団体連合会の防衛生産委員会のメンバーに就任している。また、海軍兵学校を卒業し（第五十二期）、海軍大佐だった高松宮宣仁（のぶひと）親王との交流は戦後も続き、高松宮が愛甲の経営する工場を訪問したり、陶芸家としても活動していた愛甲の作品展を鑑賞したりしたこともあった。

ただ、残念なことに愛甲は平成三年（一九九一）十一月二十四日未明、自宅の火事が原因で妻とともに死去した。愛甲は九十歳、妻は八十歳だった。同年十二月八日の真珠湾攻撃五十年を日前にしての予想外の長逝（ちょうせい）であったこともあり、功績を知る人々からその死を悼（いた）む声があがったと伝えられている。

原田　覚　「甲標的」育ての父と称えられた艦長

生没年＝明治二十三年（一八九〇）～昭和二十年（一九四五）。出身地＝福島県。卒業年次＝海軍兵学校第四十一期。開戦時の階級＝海軍大佐。開戦時の配置＝水上機（甲標的）母艦「千代田」艦長。

●見込まれて「千代田」艦長に抜擢される

もともとは潜水艦が専門の海軍士官であったが、昭和十五年（一九四〇）八月に水上機（甲標的）母艦「千代田」艦長となって以降、特殊潜航艇「甲標的」の搭乗員の育成に従事した。このため、原田覚を「『甲標的』育ての父」と呼ぶ向きもある。

そんな原田は明治二十三年（一八九〇）、現在の福島県猪苗代町に生まれた。海軍兵学校を卒業し（第四十一期）、海軍水雷学校高等科に学んだ原田は、潜水艦「伊号第三」などの艦長、第八潜水隊などの司令、潜水母艦「大鯨」（後の空母「龍鳳」）の艦長といった潜水艦関係の職を歴任する。次いで、同十四年十一月に空母「鳳翔（ほうしょう）」艦長（兼標的艦「摂津（せっつ）」艦長）に転じるが、先に触れた通り、九か月後の同十五年八月には水上機母艦「千代田」の艦長に任命された。

なお、「千代田」は、当初は水上機偵察機を搭載する水上機母艦として、同十三年十二月に竣工（完成）する。そして、原田が着任する前の同十五年五月から、甲標的母艦への改造がはじまっていた。

マリアナ沖海戦での空母「千代田」の艦上
（出典：『マリアナ沖海戦』〔戦史叢書 12〕）

真珠湾から引き上げられた特殊潜航艇「甲標的」（広島県江田島市・海上自衛隊第１術科学校）
（出典：海上自衛隊第１術科学校ホームページ）

しかし、原田の日記によると、同十六年八月下旬、搭乗員の第二回訓練が終了した後、第二状態に改造することになったと記されている。第一状態は水上機母艦、第二状態は甲標的母艦を指す。

以上のうち、甲標的母艦の「甲標的」とは、日本海軍が開発した全長二四メートル弱で魚雷二本を装備した複座（二人乗り）の特殊潜航艇を指す。改造では水上機用の格納庫を特殊潜航艇用にする一方、艦尾へ発進時に用いるスリップ（滑り台）をもうけるなどした。「甲標的」の搭載数は一二機を予定していたが、原田も、また搭乗員の岩佐直治海軍大尉、酒巻和男海軍少尉らも、訓練からして暗中模索、手探りの状態であったらしい。

先に触れた通り、原田は潜水艦の艦長、潜水隊の司令を歴任しており、その経験は「甲標的」の訓練にも役立つことが予想された。一説に、福島県会津（あいづ）地方の出身である原田は酒豪で、部下思いで親分肌の海軍士官であったという。連合艦隊司令長官の山本五十六（いそろく）海軍大将はそういった人となりを見込んで、原田に「千代田」の艦長、「甲標的」搭乗員の訓練を託したものとみても、大過はないであろう。

当時のことを原田は日記に記しているが、そこには「甲標的」の開発、兵器としての運用が遅々として進まない理由を、

「日本海軍艦政法規の欠如か、または艦政当局の認識不足にあるかもしれない」

と分析している。的確な分析であるといえよう。なお、当初、山本らは「甲標的」を艦隊決戦（艦

隊同士の決戦）に投入したいと考えていた。ところが、開戦前から来るべきアメリカなどとの戦いでは航空機が重要な役割を果たすものとみられるようになり、「大規模な艦隊決戦は起こらない可能性が高い」と判断されるにいたる。また、仮に艦隊決戦が起こった場合も、「甲標的」を巡洋艦で決戦海面にまで運び、実戦に投入することが困難であることも、訓練が本格化する段階で判明した。具体的には、軍令部の岸本鹿子治海軍少将（112頁「岸本鹿子治」の項参照）が考案し、朝熊利英海軍造兵中佐、名和武海軍造兵大佐らが設計した「甲標的」は全長二四メートル弱と小型であるために長い距離を潜航して敵艦に接近したり、短い潜望鏡で敵艦を狙って魚雷を発射したりするということが極端に難しかったのである。

ところで、航空機による真珠湾攻撃に固執した山本だったが、当初は「甲標的」を投入することは眼中になかったという。しかし、原田の指導の下、瀬戸内海の三机湾（愛媛県伊方町）で訓練を続ける岩佐、酒巻らは「甲標的」で敵方の軍港へ侵入し、停泊、もしくは出航途上の敵艦を雷撃（魚雷攻撃）するという作戦案を思い立つ。作戦案は岩佐によってまとめられ、訓練の責任者である原田に提出された。

次いで、原田はその作戦案を軍令部作戦課の有泉龍之助海軍中佐（潜水艦作戦担当）にみせて同意を得た上で、司令長官である山本へ提出する。当初、山本は搭乗員の生存が見込めないことから、

「甲標的」を真珠湾攻撃へ投入することを認めなかった。

それでも、原田や岩佐らの熱意に感じ入ったのか、山本は同十六年十月四日の図上演習の際に原田を旗艦「陸奥（むつ）」の艦上で『千代田』艦長ちょっと」と呼び止め、作戦案の練り直しを求めたという。原田の日記には山本が、㋐「甲標的」を潜水艦で運べるか、㋑敵の軍港へ侵入できるか、㋒攻撃終了後の搭乗員は帰艦できるかなどの点を至急研究して報告せよとの指示を受けた、と記されている。

前後したが、「千代田」は連合艦隊直属の軍艦であった。通常、日本海軍では戦艦、

大東亜戦争九軍神慰霊碑。「千代田」艦長・原田覚の指導の下、「九軍神」と酒巻和男は眼前の三机湾で訓練を重ねた（愛媛県伊方町・須賀公園）

真珠湾攻撃で「甲標的」を搭載した潜水艦「伊号第十六」
（出典：『潜水艦史』〔戦史叢書 98〕）

巡洋艦、水上機母艦など数隻で戦隊が編成され、戦隊には司令官が置かれる。しかし、連合艦隊直属の「千代田」は戦隊に属していないから、司令長官が艦長を直接呼び寄せ、指示を出すということが可能だったのだろう。

一方、山本からの指示を受けた原田は、すぐさま岩佐らに作戦案の練り直しを行なわせた。やがて、手直しされた作戦案は原田から連合艦隊水雷参謀の有馬高泰海軍中佐の手を経て山本に提出されている。こういったやりとりが何度か繰り返された末に、「これは使える！」と判断したのだろう。

山本は「甲標的」五隻を五隻の潜水艦に一隻ずつ搭載し、ハワイ・真珠湾の近くまで運ぶという作戦案を採用した。「特別攻撃隊」と命名された五隻の「甲標的」と岩佐ら士官五人、下士官五人は、佐々木半九(はんく)海軍大佐（第三潜水隊司令）の指揮の下、同十六年十二月七日夜（現地時間は六日）に各潜水艦で真珠湾の近くへ到着し、攻撃隊に先立って真珠湾に突入した（２２４頁「酒巻和男」の項参照）。

後に、突入した岩佐ら九人が戦死し、酒巻が捕虜になったことが判明する。親分肌であったという原田は、人知れず涙を流したに違いな

原田覚が乗り組んだことのある戦艦「比叡」。真珠湾攻撃作戦では姉妹艦「霧島」とともに支援部隊をつとめた

い。また、「甲標的」はオーストラリア・シドニー湾、マダガスカル島・ディエゴスアレス湾の攻撃にも投入され、ディエゴスアレス湾では戦艦一隻大破、給油艦一隻撃沈という戦果をあげている。

同十七年三月、岩佐ら九人の戦死が大本営発表として公表された。「『甲標的』育ての父」としての功績が認められたのか、原田は同年十一月に海軍少将に進級する。この間の七月初旬には、アリューシャン列島・キスカ島へ水上機六機などを輸送した。その後、原田は同十八年一月から第七潜水戦隊司令官としてラバウル方面の潜水艦作戦を指揮する。

●終戦後にフィリピン・セブ島で死去

次いで、原田は横須賀鎮守府出仕や横須賀防備戦隊司令官を経て同十九年八月に第三十三特別根拠地隊司令官に転じるが、同特別根拠地隊は、フィリピン・セブ島に本拠を置く陸戦隊（海軍の陸上戦闘部隊）である。当初、原田は特殊潜航艇による敵方の駆逐艦、輸送船の攻撃を試み、駆逐艦一隻を撃沈したという。

なお、甲標的母艦から空母へと改造された「千代田」は同十九年十月二十五日、空母「瑞鶴（ずいかく）」などと小沢艦隊（囮（おとり）艦隊）の一艦としてレイテ沖海戦に参加したが、敵方の攻撃を受けてルソン島の東方海上に沈んだ。

　やがて、同二十年三月末にはアメリカ軍がセブ島への上陸を開始する。これを受けて司令官の原田は麾下の約三〇〇〇人を率いて北方へ移動するが、この移動は難渋を極めたと伝えられている。そして、八月十五日の終戦を経て、原田は九月二十五日にセブ島で戦病死した。五十四歳だった。没後、原田は海軍中将に進級したが、外山操編『陸海軍将官人事総覧　海軍編』、福川秀樹編『日本海軍将官辞典』は死因を自決としており、原田の郷里で発行された『猪苗代町史』などにも「日本武士道が汚されることを恐れ、潔く自決を遂げた」と記されている。

　なお、本項で何度か紹介した原田の日記（防衛省防衛研究所所蔵）は、「甲標的」に関する記述が豊富であることから研究者の間で高い評価を得ている。

　また、原田の指導の下、岩佐、酒巻らが訓練を行なった三机湾の須賀公園には、現在までに大東亜戦争九軍神慰霊碑が建立された。

岸本鹿子治(かねじ)　魚雷の開発、生産で功績を残した智将

生没年＝明治二十一年(一八八八)～昭和五十六年(一九八一)。出身地＝岡山県。卒業年次＝海軍兵学校第三十七期。開戦時の階級＝海軍少将(予備役)。開戦時の配置＝佐世保重工業長崎兵器製作所長。

●軍令部で酸素魚雷の開発を推進

現役時代は九三式酸素魚雷、特殊潜航艇「甲標的(こうひょうてき)」の開発に貢献した水雷畑の海軍士官であったが、予備役編入後には三菱重工業長崎兵器製作所の所長として大量の九一式航空魚雷の製造に貢献したという人物である。特に、真珠湾攻撃の前には所員とともに九一式航空魚雷一〇〇本の製造に取り組み、不眠不休で納期通りに製造した功績で名高い。

おそらく、岸本鹿子治らの不眠不休の努力がなかったならば、連合艦隊は九七式艦攻による雷撃を断念せざるを得なかったろう。

そんな困難な仕事をやってのけた岸本は、明治二十一年（一八八八）に現在の岡山市北区で生まれた。兄の岸本信太は海軍機関学校を卒業して（第十期）、海軍工機学校初代校長、海軍燃料廠長を歴任し、海軍中将に昇進している。また、岸本の妻は日露戦争の沈旦堡の戦いで騎兵第十四連隊長として勇名を馳せた豊辺新作陸軍中将の娘だった。なお、新作の祖父・豊辺半蔵は越後長岡藩（新潟県長岡市）家老・河井継之助の叔父である。

ちなみに、野村貞海軍少将（山本五十六海軍大将の叔父）は河井の甥で、その河井は安政六年（一八五九）に備中松山藩（岡山県高梁市）へ赴いて儒者、藩政家の山田方谷に教えを乞うた（河井継之助『塵壺』）。ただし、岸本と妻が結婚するかなり以前のことなので、当然のことながら河井は岸本の生家を訪問していない。

海軍兵学校を卒業し（第三十七期）、海軍水雷学校高等科を修了した岸本は、駆逐艦「夕暮」艦長、軽巡洋艦「長良」水雷長、連合艦隊水雷参謀、海軍水雷学校教官、第九駆逐隊司令、軽巡洋艦「川内」艦長、艦政本部第一部第二課長といった水雷関係の要職を歴任する。さらに、戦艦「金剛」艦長を一年間つとめた後、呉工廠魚雷実験部長、水雷部長もつとめ、この間に海軍少将に昇進した。

右のうち、艦政本部第一部第二課長の主な職務は、端的にいえば魚雷、機雷、掃海（機雷除去）などの兵器、備品の開発、製造、配備である。

実は当時、砲撃の技術が劇的に進歩する一方、強力な推進力を持たない水雷はお荷物扱いされつつあった。そこで、艦政本部は昭和四年（一九二九）頃から呉工廠水雷部などに対して、長く封印していた酸素魚雷の開発を命じたという。前後したが、魚雷には、空気魚雷、酸素魚雷などがあったが、空気魚雷は圧縮空気と燃料、水とでエンジンを動かし、酸素魚雷は酸素と燃料、海水とでエンジンを動かす。このうち、酸素魚雷は燃料の燃焼効率が格段によく、エンジンを高速で回すことができることが判明した。しかし、着火した瞬間に爆発することから、各国の海軍も兵器として実用化できないでいたのである。

そんな状況下の同六年、岸本が第二課長に就任したのだが、酸素魚雷は実用化の目処（めど）が立たず、予算ばかりを食っていた。このため、海軍省軍務局長らから実験中止を求められたりもしたという。しかし、負けん気の強い岸本は実験中止を頑（がん）として受け入れず、艦政本部の朝熊（あさくま）利英海軍造兵中佐、呉工廠の大八木（おおやぎ）静雄海軍中佐らに命じて実験を継続させた。

この時の酸素魚雷は朝熊が設計に当たり、大八木が実験を担当している。後年、岸本が執筆した「世界に冠絶した酸素魚雷創造の裏ばなし」（『海軍水雷戦隊』所収）によると、圧縮した酸素を加熱装置に送り、そこへ石油を噴霧して着火すれば大爆発を引き起こす。

そんな状況下の同七年、実験に参加していた東京帝国大学の永井雄三郎教授が、

「空気を送って燃焼を起こした後で酸素を提供すれば、絶対に爆発はしない」

と岸本らに報告した。翌日から、岸本の号令一下、早速、「空気を送って燃焼を起こした後で酸

素を提供する方式」の酸素魚雷の開発がはじまった。後年、大八木が執筆した「実験責任者が告白する酸素魚雷の秘密」（『海軍水雷戦隊』所収）によると、同七年当時の関係者は全員職場に泊り込んで、文字通り「寝食を忘れて」設計、実験に当たったとされている。その甲斐あってか、朝熊の設計した純酸素＋石油＋海水方式の酸素魚雷は、同八年に遂に完成した。この年は皇紀（神武紀元）二五九三年に当たることから、この巡洋艦、駆逐艦用の酸素魚雷は九三式魚雷と命名された。次いで、昭和十年に潜水艦用の魚雷も完成したが、これも皇紀二五九五年にちなんで九五式魚雷と命名されている。

しかし、純酸素＋石油＋海水方式で長大な推進力を得た酸素魚雷ではあったが、それだけに振動、あるいは燃料噴霧口の溶解などに悩まされた。その対策として振動を吸収するためにはゴムを改良し、また噴霧口の溶解を防ぐべく、原料に融点がもっとも高い金属・タングステンを使うなどしている。そして、九三式酸素魚雷は日本海軍の制式兵器となり、昭和十三年から巡洋艦、駆逐艦に逐次搭載された。

次いで、三菱重工業長崎兵器製作所が開発した潜水艦用の九五式酸素魚雷も制式兵器となり、同十五年から潜水艦に搭載されることになる。性能は九三式酸素魚雷では射程が最大で四万メートル（四〇キロメートル）、炸薬（火薬）の量が五〇〇キログラム、九五式酸素魚雷では射程が最大で一万五〇〇〇メートル、炸薬の量が四〇〇キログラムだった。同時代のアメリカ海軍の魚雷は射程が最大で八〇〇〇メートル、炸薬の量が三〇〇キログラムだったから、九三式、九五式の両酸素魚雷の威力がいかにすぐれていたかが窺えよう。

しかも、両酸素魚雷は雷跡（らいせき）（魚雷の航跡）もほとんど目立たない。このため、両酸素魚雷の雷撃で沈没した敵の軍艦の艦長などは当初、「機雷に触れたのか？」と考えたという話も伝えられている。

後に、岸本、朝熊、大八木の三人は、酸素魚雷開発の功績が認められて勲二等瑞宝章を授けられた。

●特殊潜航艇開発、航空魚雷生産にも貢献

次いで、岸本は同八年頃から特殊潜航艇の開発に従事することになるが、特殊潜航艇の開発の際も酸素魚雷の時以上に、開発中止を求める声が上がった。やむなく、岸本は軍令部総長・伏見宮博恭王（ふしみのみやひろやすおう）（元帥（げんすい）、海軍大将）に直訴して開発続行を訴えたが、伏見宮から、

「直接ぶつけるんじゃないだろうね？」

と念を押されたという。おそらく、この直訴がなかったならば、特殊潜航艇「甲標的」は真珠湾攻撃に間に合っていなかった可能性が高い。

ところが、岸本自身は特殊潜航艇の製造が本格化する以前の同十五年一月に予備役編入となり、三菱重工業長崎兵器製作所の所長に就任した。同製作所は魚雷製造の重要拠点であったが、翌年に

入ると日本海軍から一〇〇本もの九一式航空魚雷の注文が入る。

念のためにいうと、岸本らが開発した巡洋艦、駆逐艦用の九三式酸素魚雷などとは別に、攻撃機（雷撃機）用の九一式魚雷というものがあった。この九一式魚雷は酸素魚雷ではなく空気魚雷で、九一式航空魚雷と呼ばれることが多い。本項の冒頭で触れた通り、岸本と所員は納期通りに一〇〇本を製造した。所員には何に使用されるのかは知らされていなかったが、後に岸本から一〇〇本が同十六年十二月八日の真珠湾攻撃、十日のマレー沖海戦で使用されて未曾有の大戦果につながったことを知らされた所員は、

「不眠不休で苦労した甲斐があった！」

と抱き合い、涙を流したと伝えられている。

また、真珠湾攻撃に特殊潜航艇「甲標的」五隻が参加したこともあり、同十七年五月に岸本は特殊潜航艇考案の功績を認められて海軍技術有功章を授けられている。

同製作所のＯＢが記した『原爆前後』第二十八号などによると、所長の岸本は磊落（らいらく）、かつ所員思いの一面もあった。一例をあげると、岸本は竹の杖（つえ）で彼方（かなた）の山を指しつつ、

「ここ（＝同製作所）からあそこ（＝山の麓）まで工場用の土地を購入せよ！」

と口にしたこともあったという。また、工場の近くに住んでいた岸本は来訪者に、

「勲章をつけてやろうか？」

と切り出したり、戦時中は工廠、水交社（日本海軍の社交倶楽部）へ人を派遣し、所員のために貴重な日本酒などを調達したりしたとも伝えられている。

しかし、軍需物資調達が思うに任せない中、岸本は同十八年九月に航空技術廠嘱託に転じたが、岸本が去った後の同製作所は同二十年八月九日、原爆の直撃を受けて壊滅した。

岸本は同五十六年の元旦、九十二歳の天寿を全うしている。

第4章　艦隊や戦隊の名指揮官、名参謀たち

南雲忠一（なぐもちゅういち）　実は水雷屋だった機動部隊司令長官

生没年＝明治二十年（一八八七）～昭和十九年（一九四四）。出身地＝山形県。卒業年次＝海軍兵学校第三十六期、海軍大学校（甲種）第十八期。開戦時の階級＝海軍中将。開戦時の配置＝第一航空艦隊司令長官。

●司令官などの水雷畑の要職を歴任

第一航空艦隊を基幹とする大艦隊を率い、昭和十六年（一九四一）十二月の真珠湾攻撃を成功させた司令長官である。ところが、真珠湾攻撃の際も、また他の海戦でも、南雲忠一が毅然（きぜん）たる指揮ぶりをみせたことはほとんどないように思う。結局、真珠湾攻撃で未曾有の大戦果をあげ、称賛を受けたのも束（つか）の間（ま）、南雲は同十七年六月のミッドウェー海戦では歴史的な大敗を喫する。そして、同十九年七月に一隻の大型艦艇、一機の航空機も持たない海軍部隊の指揮官として、中部太平洋・サイパン島で玉砕（ぎょくさい）した。哀（あわ）れという他はない。

そんな南雲は明治二十年（一八八七）に現在の山形県米沢市で生まれたが、南雲家は出羽米沢藩の藩士の家柄である。成長後、南雲は旧制米沢尋常中学校興譲館（現・県立米沢興譲館高校）を経て海軍兵学校へ入校し、卒業した（第三十六期）。なお、南雲が、「もともとは水雷畑の海軍軍人だった」といったならば、多くの読者が驚愕するに違いない。事実、南雲は海軍水雷学校高等科を修了、海軍大学校（甲種）を卒業（第十八期）して以降、駆逐艦「如月」艦長、第一水雷戦隊参謀、軽巡洋艦「那珂」艦長、第十一駆逐隊司令、重巡洋艦「高雄」艦長、第一水雷戦隊司令官、第八戦隊司令官、海軍水雷学校長といった具合に水雷畑での経験を多く積む。

このうち、平時には駆逐隊四隊（駆逐艦一六隻）を指揮下に置く第一水雷戦隊司令官は、水雷畑の海軍軍人にとって垂涎の職だった。

以上のように水雷畑の要職を歴任し、周囲から第一人者という評価を得るようになった南雲は、昭和五年からのロンドン海軍軍縮条約の批准問題をめぐっては艦隊派に属して行

南雲忠一

（出典：『ハワイ作戦』〔戦史叢書 10〕）

動し、同八年の軍令部の権限拡大問題をめぐってもその実現に貢献して、一層有名になる。このうち、ロンドン海軍軍縮条約の批准問題というのは、同五年に締結された海軍の補助艦艇（巡洋艦、駆逐艦、潜水艦）の保有制限に関する軍縮条約を批准するか、否かという問題を指す。この問題をめぐって日本海軍は「批准やむなし」とする条約派の提督と、「批准を断固阻止すべし」とする艦隊派の提督とに分かれて対立した。

以下、便宜上、役職や階級は略するが、条約派の提督には財部彪、谷口尚真、山梨勝之進、左近司政三らがおり、また艦隊派の提督には伏見宮博恭王、加藤寛治、山本英輔、末次信正らがいる。

無論、右で名前を列挙した提督たちは皆、当時の日本海軍の最高幹部、もしくは長老である。それに対して、当時、一介の海軍大佐、軍令部の課長でしかない南雲は、本来はかかる高度な政治問題に正式に関与できる立場にはない。しかし、南雲は同志とともに興譲館の先輩・左近司のもとへ押しかけ、翻意や辞任を強硬に申し入れるなどした。

後に、同九年には山梨に近かったために条約派とみなされ、「将来の連合艦隊司令長官」と目されていた堀悌吉海軍中将が予備役編入となる。この出来事以来、「堀の親友・山本五十六が南雲を憎むようになった」とする説があるが、堀の予備役編入は南雲一人の仕業ではない。

次に、軍令部の権限拡大の問題というのは、当時は組織上、日本陸軍の参謀本部の下位に位置づけられていたのを改め、やはり組織上、軍令部を参謀本部から独立させて両者を横並びの組織とした上で、軍令部の権限を強化しようというものであった。しかし、参謀本部から独立させ、横並びにするのはよいとしても、軍令部の権限を必要以上に強化すると軍令部、海軍省、連合艦隊の三者の関係がおかしくなってしまう。

このため、海軍省軍務局第一課長の井上成美（しげよし）海軍大佐（当時）は、権限拡大に激しく反対する。これに対して、軍令部第一部第二課長だった南雲は権限拡大の実現に躍起となっていた。なお、第一課長である井上は、権限拡大の書類を検討し、承認印を押す立場にあった。

けれども、権限拡大に絶対反対の井上は、頑（がん）として承認印を押そうとはしない。これに業（ごう）を煮した南雲は、飲酒した上で井上のもとへ押しかけ、

「貴様なんか（中略）短刀で脇腹をざくっとやればそれきりだ」

と凄（すご）む。しかし、井上は南雲の脅迫にも屈せず、用意していた遺書を示しつつ、「断じて承認印など押せない」と突っぱねている（井上成美伝記刊行会編『井上成美』）。結局、井上が激しく反

井上成美
（出典：『中部太平洋方面海軍作戦 <1>』〔戦史叢書 38〕）

対する中、関連した規定が改正されて軍令部の権限拡大が実現した。

その行動には行き過ぎもあったように思うが、以上の一連の出来事の段階で周囲の者たちの南雲へ向ける目が変わり、中には南雲の声望にあやかろうとする者すら現れた。

●はからずも真珠湾攻撃の総指揮官に就任

南雲の海軍中将への進級は同十四年十一月だったが、同十五年十一月に海軍大学校の校長に就任する。そして、日本とアメリカとの外交交渉が難航しつつあった同十六年四月、南雲は新しく編成された第一航空艦隊の司令長官に抜擢された。第一航空艦隊は空母「赤城」など五隻と、護衛の駆逐艦からなるという「世界最初の機動部隊」である。

その第一航空艦隊は山本の強い意向に添うかたちで編成されたものだが、南雲が司令長官に据えられたのもやはり山本の強い意向に添ったものという。

ただし、本項の冒頭で触れたように、南雲は水雷畑の要職を歴任した海軍軍人で、航空の分野は「まったくの素人」である。故に、事前の下馬評では航空のプロパーである小沢治三郎（じさぶろう）海軍中将の名もあがったが、南雲は明治二十年生まれ、小沢が同十九年生まれではあるものの、海軍兵学校では南雲が第三十六期、旧制高等学校を中退後に入校した小沢が第三十七期であった。以上の理由により南雲を司令長官とし、元来は砲術畑ながら空母「赤城」艦長、第一連合航空隊司令官の経験がある草鹿龍之介海軍少将を参謀長、生え抜きの航空士官である源田実海軍中佐を航空（甲）参謀としている。

次いで、就任まもない頃、南雲は草鹿が第十一航空艦隊参謀長・大西瀧治郎海軍少将から私的に受け取ったという真珠湾攻撃の素案を目にする。この時、南雲は作戦に反対で、草鹿もそれに同意見だった。なぜならば、空母を中心とする機動部隊で日本の内地から約三〇〇〇海里（約五五五〇キロメートル）も先の真珠湾を攻撃するという点からして無謀で、特に敵方の六〇〇海里（約一一一〇キロメートル）の哨戒圏を突破する作戦は「無謀この上ない」と水雷畑が長かった南雲は判断し、草鹿も同意見だったのである。

やがて、山本は南雲に対して、真珠湾攻撃作戦の準備をするよう命じた。やむなく、南雲は準備に着手し、麾下の攻撃隊は九州各地の基地での血の滲むような猛訓練に入っている。

もっとも、航空作戦に関しては万事、源田が取り仕切ったので、「第一航空艦隊は『源田艦隊』だ！」と評する者すら現れたという。次いで、海軍大学校で真珠湾攻撃の図上演習が行なわれたが、九月十六日の最初の図上演習では青軍こと第一航空艦隊の損害が予想以上に多かった。この結果に南雲は一層不安を募らせたが、それを察した山本は、

「ああいうこと（＝第一航空艦隊が大損害を蒙る）は（中略）必ず起こることはないよ」

と励ましたと伝えられている。しかし、第十一航空艦隊の司令長官・塚原二四三（にしぞう）海軍中将も真珠湾攻撃作戦には反対だったから、南雲、塚原、草鹿、大西は協議の末、山本に作戦の白紙撤回を求めることで意見が一致した。南雲、草鹿と同様、塚原、それに素案の作成に関わった大西ですら、「作戦として危険が大き過ぎる」と考えていただろう。

この合意を受けて、南雲と塚原は連名で作戦の白紙撤回を意見具申（ぐしん）することになり、十月三日に草鹿と大西が連合艦隊の旗艦「陸奥（むつ）」の山本を訪ねた。しかし、両長官の意見具申を伝えても、両参謀長が同意見であることを伝えても、山本は耳を傾けず、二人（＝草鹿、大西）に作戦の準備を命じた（32頁「大西瀧治郎」の項参照）。

これを受けて、「肚（はら）を決めた」南雲は十一月下旬に麾下の艦艇を率い、択捉島（えとろふとう）・単冠湾（ひとかっぷわん）を出撃する。それでも、不安は拭（ぬぐ）い切れなかったらしく、草鹿に向かい、

「エライことを引き受けてしまった。（中略）出るには出たがうまく行くかしら」

などと、本心を漏らしている。以上の発言に対して草鹿は、

「大丈夫ですよ。かならずうまくいきますよ」

と答えたが、南雲は、

「君は楽天家だね。うらやましいよ」

と口にしたという。なお、草鹿は南雲に関して、

「しかし私にとってはよい上司のひとりであった」

と戦後の著作に記している（草鹿龍之介『連合艦隊参謀長の回想』）。

そして、十二月八日の早朝（現地時間は七日）、第一航空艦隊の空母六隻から発進した総隊長・淵田美津雄海軍中佐率いる第一次攻撃隊（一八三機）は奇襲に成功し、島崎重和海軍少佐率いる第二次攻撃隊（一六七機）とともに未曾有の大戦果をあげた。

なお、船舶は海上で他の船舶などに連絡をとる際、アルファベット文字旗、数字旗などの国際信号旗というものを用いる。よく知られているように、明治三十八年（一九〇五）五月二十七日の日本海海戦で連合艦隊司令長官・東郷平八郎海軍大将は、

「皇国ノ興廃此ノ一戦ニ在リ、各員奮励努力セヨ」

という意味を込めた国際信号旗・Z旗を旗艦「三笠」に掲揚した。真珠湾攻撃では南雲がZ旗と同じ意味を持たせた国際信号旗・DG旗を、旗艦「赤城」に掲揚している。

六隻の空母が戦勝気分に浸る中、第三戦隊司令官・三川

第一次攻撃隊の空襲を受ける真珠湾の太平洋艦隊。中央の島がフォード島で、水柱が立っているあたりに複数の戦艦が停泊しているのがみえる
（出典：『ハワイ作戦』〔戦史叢書 10〕）

軍一海軍中将から反復攻撃の意見具申があったが、最初から南雲らは反復攻撃をしない方針だったとされている。

●ミッドウェー出撃前の数々の不運

次いで、第一航空艦隊は同十七年四月のインド洋作戦まで連戦連勝を収めた。この間、真珠湾攻撃から内地へ帰還した南雲と淵田、島崎は同十六年十二月二十六日、大本営で昭和天皇に御前報告をしている。南雲が最大限の称賛を受けたのは、この頃のことである。

けれども、四月のセイロン沖海戦で九七式艦攻の兵装(へいそう)の転換、再転換に手間取ったり、禁を犯して艦隊から電波を発射するといった、慢心(まんしん)などに由来すると思われる綻(ほころ)びも出はじめていた。以上を知った連合艦隊の参謀の中には南雲の統率力に疑問を抱き、南雲、それに草鹿の更迭(こうてつ)を進言した者もあったというが、更迭は実現していない。

次いで、インド洋作戦から内地へ帰還した南雲らの第一航空艦隊に対して、山本はミッドウェー作戦の遂行を命じた。しかし、第一航空艦隊は開戦前から血の滲むような猛訓練を続け、同十六年十二月の開戦後は休む暇もなくハワイから南方(東南アジア)、インド洋を転戦している。そこで、南雲、草鹿は早い時期にミッドウェー海戦を遂行すること自体に無理がある上に、搭乗員、乗組員

の休養やさらなる訓練、人員や航空機の補充の必要があることなどを理由に、遂行時期の延期を意見具申した。しかし、

「一日も早く大打撃を与え、早期にアメリカと講和すべき」

と本気で考えていた山本は、戦務参謀・渡辺安次（やすじ）海軍中佐を軍令部へ派遣してミッドウェー作戦を承認させ、六月初旬に同作戦を遂行するよう南雲に命令した。

ところで、このミッドウェー海戦では、南雲らからみて数々の不運が重なった感がある。その不運とは、まず五月の珊瑚海（さんごかい）海戦で第五航空戦隊の空母「翔鶴（しょうかく）」と同「瑞鶴（ずいかく）」が損傷したため、ミッドウェー海戦には「赤城」など四隻で臨まねばならなかった点である。

なお、右の珊瑚海海戦では味方は空母「祥鳳（しょうほう）」を失ったが、山本らの連合艦隊、それに第五航空戦隊は敵方の空母「レキシントン」と「ヨークタウン」を撃沈したと思っていた。しかし実際には、辛（かろ）うじて沈没を免れた「ヨークタウン」が、何と不眠不休の突貫修理で六月のミッドウェー海戦に参加している。これにより、ミッドウェー海戦での敵方の陣容は、第十六任務部隊の「エンタープライズ」と「ホーネット」、第十七任務部隊の空母「ヨークタウン」の三隻だったが、特に山本らの連合艦隊司令部が、

「ミッドウェー島周辺に敵方の空母は一隻もいない」

と決めてかかっていた点も、南雲にとっては不運であったという他はない。次に、さらなる不運

は淵田が病気のために入院し、作戦の細部を詰めることができなかったことであろう。もっとも、山本が遂行に並々ならぬ意気込みをみせていたこの作戦は、

①すでに日本海軍の暗号がアメリカ軍に解読されていた。
②山本が十分な準備期間がないのにミッドウェー作戦を強行した。
③作戦の目的がミッドウェー島の占領か、敵方の艦隊の攻撃かという点を、山本が南雲にはっきり伝えていなかった。

などといった具合に、作戦の開始前から山本ら連合艦隊司令部の失策が目立っていた。また、五月下旬に山本が戦艦「大和（やまと）」、南雲が「赤城」に座乗（ざじょう）して内地を出撃して以降も、山本ら連合艦隊司令部は大きな失策を犯している。それはミッドウェー海戦前日の六月四日、「大和」が敵方の空母が発したと思われる信号を傍受したのに、それを「赤城」に座乗する南雲へ通報しなかった点である。伝えられるところによると、山本が、

「信号傍受の事実を『赤城』の南雲長官へ通報すべきではないか?」

と先任参謀の黒島に告げたところ、

「『赤城』でも傍受しているはずです」

として黒島が反対し、結局は通報しなかった、という。確かに、この時は無線封鎖が行なわれていたが、高い通信用アンテナを持つ戦艦と異なり、起倒式（戦闘や荒天の際には倒す方式）の低い通信用アンテナしか持たない空母は受信能力が格段に低い。事実、黒島の希望的な観測を見事に裏切って、「赤城」はこの信号を傍受していなかった。

何よりも、敵方の空母が発したと思われる信号の存在――つまり敵方の空母がミッドウェー島周辺にいる――という情報は、このミッドウェー作戦の成否に関わる重要情報だったはずで、無線封鎖の禁を犯してでも通報してしかるべきであったと思う。

●兵装の転換に固執して空母四隻を喪失

同月五日の午前一時半（時間は日本時間）、南雲は四隻の空母から友永丈市（ともながじょういち）海軍大尉率いる第一次攻撃隊（一〇八機）をミッドウェー島へ向け発進させる。

やがて、同島上空へ到着した第一次攻撃隊の各機は、地上の基地から舞い上がっていた敵方の戦闘機に迎撃された。このため、特に艦爆隊は計画していた同島の滑走路、軍事施設への爆撃ができず、十分な戦果を得られていない。

午前四時、友永は「赤城」に無電で戦況を報告した上で、「第二次攻撃の要あり」と付け加えた。

以上の報告に接した南雲は第二次攻撃隊を発進させることにしたが、艦攻、艦爆に兵装の転換を命じている。兵装の転換というのは、艦爆や艦攻の爆弾を艦船用から陸上用のものへ、艦攻の魚雷を爆弾に変えることを指すが、当然、逆の場合もあった。

なお、兵装の転換というのは時間と手間がかかるが、転換が終わるまでは燃料を満載した航空機の側へ爆弾や魚雷を置いておかねばならない。万一、その間に敵方の攻撃を受けたならば、燃料や爆弾、魚雷に引火して大きな損害を蒙（こうむ）ることになる。

そんな最中の午前四時二十八分、索敵（さくてき）に当たっていた重巡洋艦「利根（とね）」の零式水上偵察機四号機が、「敵方の艦隊を発見した」と打電する。ただし、四号機のコンパス（方位磁石）が壊れており、誤った発見場所を打電したとする説も取り沙汰されてきた。

もっとも、受信時間には異説があり、またこの時点では艦隊に空母が含まれるか否かが不明だった。しかし、南雲は、「必ず近くに空母がいる」と判断し、午前四時四十五分に兵装の再転換を命じた。今度の再転換は、陸上用爆弾を魚雷や艦船用爆弾に変更するという作業である。また、本来であれば再転換が終わり次第、第二次攻撃隊を発進させたいところだが、この頃（午前六時十八分）に第一次攻撃隊の各機の空母への着艦がはじまった。そこで、南雲は、第一次攻撃隊の着艦を優先させることにする。

前後したが、太平洋艦隊はミッドウェー島から四方へカタリナ飛行艇などを飛ばして索敵に当たらせていた。そのうちの一機が第一航空艦隊の空母を発見して打電していたのである。間もなく、ミッドウェー島を飛び立ったＳＢＤドーントレス急降下爆撃機、次いでＢ－17爆撃機の編隊が「赤城」以下の空母の爆撃を試みるが、直撃弾を与えてはいない。

幸いにも、この時は上空で警戒していた直衛隊の零戦が、敵機の大部分を撃墜した。

次いで、午前五時二十分、先の「利根」四号機が「ホーネット」を発見して打電したが、受信後の暗号の解読により約十分後に南雲らのもとへ届けられたという。

先に触れた通り、南雲の命令を受けた「赤城」など各空母は、兵装の再転換の真っ最中であった。しかし、今、敵方の攻撃を受けたならば、燃料や爆弾、魚

零式水上偵察機
（出典：『沖縄方面海軍作戦』〔戦史叢書 17〕）

海中から引き揚げられた零式水上偵察機の機体
（提供：航空自衛隊岐阜基地）

雷に引火して大損害を蒙ることになる。その点を憂慮（ゆうりょ）した第二航空戦隊の司令官・山口多聞（たもん）は、
「現装備ノママ直（ただ）チニ攻撃隊ヲ発進セシムルヲ至当（しとう）ト認ム（註＝電文に異説あり）」
と発光信号(信号灯の点滅を使ったモールス信号)で意見具申してきた。「現装備ノママ」とは現在、艦攻、艦爆が装備している陸上用爆弾、「発進セシムルヲ至当ト認ム」とは「発進させるのがもっともよいと思う」という意味である。しかし、南雲はこれに耳を傾けず、「赤城」では九七式艦攻などの兵装の再変換（陸上用爆弾→魚雷、艦船用爆弾）を継続させた。

以後も、敵方の基地や空母を発進した雷撃機、爆撃機が襲来するが、零戦によって編成された直衛隊が過半を撃墜し、投下された爆弾、魚雷もすべて回避することができた。ちなみに、戦後、源田が書き残しているところによると、南雲は艦長・青木泰二郎海軍大佐に代わって「赤城」を操艦（そうかん）し、敵方が放った魚雷をすべて回避したという。

しかし、制空隊の零戦は敵機を追撃するうちに高度を下げ過ぎたため、一瞬、「赤城」や「加賀（かが）」の上空がガラ空きとなってしまう。午前七時二十三分頃、上空の雲の合間から「ヨークタン」などを発進したSBDドーントレス急降下爆撃機の編隊が「赤城」と「加賀」、次いで「蒼龍」へ襲いかかった。この爆撃は太陽を背にするという巧妙なものであったこともあり、「赤城」に二発、「加賀」に四発、「蒼龍」に三発の爆弾が命中した。

先に触れたように、この時には三艦の飛行甲板では燃料を満載し、爆弾や魚雷を装備した攻撃隊

が発進寸前だったからたまらない。投下された爆弾が命中するや否や、燃料、爆弾、魚雷に次々と引火し、三艦は大炎上した。以上により三艦は瞬時に大損害を蒙り、戦闘機能を失った。

なお、三艦に大損害を与えた攻撃は時間にして五分、ないし六分だったため、以上の痛恨事は「運命の五分間」と呼ばれるようになる。また、三艦からの攻撃隊の発進が五分早かったら、あるいは敵方の襲来が五分遅かったら、

「攻撃隊の全機の発進が終了し、仮に爆弾が命中しても大炎上にはいたらなかった」

というのも、「運命の五分間」と呼ばれる所以(ゆえん)である。やがて、「加賀」と「蒼龍」（一説に魚雷処分）は沈没、「赤城」は味方の第四駆逐隊の駆逐艦が放った魚雷で処分される。これより先、南雲らの第一航空艦隊司令部は軽巡洋艦「長良(ながら)」へ移乗した。他方、第二航空戦隊の山口は残る「飛龍(ひりゅう)」一隻で孤軍奮闘を続けて「ヨークタウン」に大損害を与えた（後に潜水艦「伊号第百六十八」の雷撃で沈没）。

しかし、孤軍奮闘を重ねたその「飛龍」も、午後二時に別のＳＢＤドーントレス急降下爆撃機などの編隊の攻撃を受けて大炎上し、駆逐艦「巻雲(まきぐも)」の魚雷で処分されている（152頁「山口多聞」の項参照）。

結局、ミッドウェー海戦は空母四隻、重巡洋艦「三隈(みくま)」の喪失(そうしつ)という大敗に終わった。先に触れた通り、セイロン沖海戦をはじめとするインド洋作戦では慢心などが原因と思われる綻びを生じていたのだが、実は参謀の一人から空母の集中運用の危険性を指摘する意見もあがっていた。そういっ

た点に対する検討、対策を怠ったツケが、以上の空母四隻、重巡洋艦一隻、多数の航空機、優秀な搭乗員、乗組員の喪失につながったといえよう。

当然、南雲は内地へ帰還後、自刃を考えたに違いないが、参謀長の草鹿がそれを止めたらしい。前後して、先任参謀・大石保海軍中佐が「参謀は全員自決」という上申をするが、草鹿は即座に却下している（草鹿龍之介『連合艦隊参謀長の回想』）。

●孤立無援の中、サイパン島で自刃

結局、南雲と草鹿は処分を受けないまま、翌月には新たに編成された第三艦隊の司令長官、参謀長に横すべりする。陣容は、空母が「龍驤」と、損傷の修理が終わった「翔鶴」と「瑞鶴」など六隻などからなっていたが、残りの三隻は水上機母艦や商船を改造したもので、搭乗員の技能も高くはなかった。そういった状況下で八月二十三日、二十四日の第二次ソロモン海戦、十月二十六日の南太平洋海戦に臨み、南太平洋海戦では第二艦隊とともに「ホーネット」を討ち取っている。前後したが、第二次ソロモン海戦では「龍驤」を失うが、南雲らは「エンタープライズ」も討ち取った、と誤認していた（実際は中破）。

南太平洋海戦以後は、南雲は佐世保鎮守府司令長官、呉鎮守府司令長官、第一艦隊司令長官を歴

任したが、在職期間はいずれも半年にも満たない短期間であった。次いで、南雲は一週間の軍令部出仕を経て、同十九年三月に中部太平洋方面艦隊司令長官兼第十四航空艦隊司令長官に就任し、サイパン島の司令部へ着任した。以上のうち、中部太平洋方面艦隊は中部太平洋という広い範囲を担当していたが、敵方の急速な侵攻を受け、マリアナ諸島のサイパン島、テニアン島などの陸海軍部隊は一気に孤立の度を深めていく。

　前後したが、当時、サイパン島には南雲らの中部太平洋方面艦隊（第十四航空艦隊）の司令部の他に、日本陸軍の第三十一軍、第四十三師団の司令部があり、テニアン島には第一航空艦隊の司令部があった。

　南雲以外の指揮官、参謀長は中部太平洋方面艦隊の参謀長が矢野英雄海軍少将、第三十一軍の参謀長が井桁（いげた）敬治陸軍少将、第四十三師団の師団長が斎藤義次（よしつぐ）陸軍中将、第一航空艦隊の司令長官が角田覚治（かくたかくじ）海軍中将、参謀長が三和義勇（みわよしたけ）海軍大佐だった。なお、第一航空艦隊は基地航空部隊として再建されたものだが、三和は山本の側近だった人物である。

　やがて、「このままでは南雲長官らが玉砕（ぎょくさい）に追い込まれる」と危惧（きぐ）した連合艦隊では、水上艦艇を派遣して南雲をはじめとする陸海軍の将官、司令部員などの救出を検討しはじめる。そんな矢先の六月中旬、遂にアメリカ軍によるサイパン島上陸作戦が開始された。

　これを受けて、南雲、斎藤らは麾下（きか）の将兵とともに敵方の迎撃につとめた。しかし、残念なことに、サイパン島に限っていえば相次ぐ部隊の転用や空襲の結果、戦闘が可能な大型の水上艦艇、さらには飛行可能な航空機がまったくないという危機的な状況だったという。

さらに、小沢治三郎海軍中将率いる第一機動艦隊が同月中旬のマリアナ沖海戦で敗北を喫したため、水上艦艇、さらには潜水艦による南雲らの救出の道も断たれている。

七月六日、自らの命運が尽きつつあることを悟った南雲は、敵方の上陸以来、勇敢に戦ってくれた陸海軍の将兵に感謝するとともに、これから敵方に対して最後の戦いを挑み、

「太平洋の防波堤となりてサイパン島に骨を埋めんとす」

とする内容の電報を海軍中央へ向けて打電した。目撃した第三十一軍の参謀によると、同日午後十時、日本の方向へ向いた南雲、斎藤らが自刃するや否や、本人らの指示により頭部へ止めの銃弾が放たれたという。南雲は五十七歳であった。前後して、矢野、井桁、八月二日に角田、三和が戦死や自刃を遂げるが、南雲の長男・南雲進海軍少尉も十二月に駆逐艦「岸波」で戦死している。自刃後、南雲は海軍大将へ進級し、功一級金鵄勲章を贈られたが、開戦劈頭に大戦果をあげた司令長官としてはあまりにも悲惨な最期であったといえよう。

草鹿龍之介（くさかりゅうのすけ）　真珠湾攻撃に反対していた参謀長

生没年＝明治二十五年（一八九二）〜昭和四十六年（一九七一）。出身地＝石川県（東京都）。

卒業年次＝海軍兵学校第四十一期、海軍大学校（甲種）第二十四期。開戦時の階級＝海軍少将。

開戦時の配置＝第一航空艦隊参謀長。

●砲術畑から航空の分野へと転じる

第一航空艦隊参謀長として昭和十六年（一九四一）十二月の真珠湾攻撃、同十七年六月のミッドウェー海戦、第三艦隊参謀長として十月の南太平洋海戦を戦い、太平洋戦争の後半は連合艦隊参謀長に抜擢されて同十九年十月のレイテ沖海戦、同二十年五月の「天一号作戦（戦艦『大和（やまと）』特攻作戦）」にも関係したという経歴の持ち主である。当事者として重要な海戦に関与したという点では、草鹿龍之介にまさる提督は他には見当たらない。

そんな草鹿は加賀大聖寺藩（かがだいじょうじはん）（石川県加賀市）の藩士の子孫で、開戦後に南東方面艦隊司令長官に就任する草鹿任一は四歳年上の従兄（父同士が兄弟）に当たる。もっとも、明治二十五年（一八九二）生まれの草鹿は父が住友商事理事だったため、東京で生まれ、大阪で育ったという。しかし、成長後は従兄の家から旧制金沢第一中学校（現・県立金沢泉丘高校）へ通い、従兄を追う恰好で海軍兵学校へ進んで卒業した（第四十一期）。

ところで、第一航空艦隊参謀長として真珠湾攻撃に関わったことから、草鹿を航空のプロパーとみなす向きがあると聞く。けれども、もともと草鹿は海軍砲術学校高等科を修了しており、海軍大学校（甲種）第二十四期を卒業するまでは海軍砲術学校の練習艦であった戦艦「山城」の分隊長をはじめとする砲術畑を歩んでいた。

航空の分野に転じた後は第一航空戦隊参謀、航空本部総務部第一課長、空母「鳳翔」艦長、同「赤城」艦長、第四連合航空隊司令官、第一連合航空隊司令官などを歴任する。したがって、同じく砲術畑から航空の分野へ転じた連合艦隊司令長官の山本五十六海軍大将と、経歴が似通っていたといえよう。以上のように、他から航空の分野へ転じた海軍軍人の中では、草鹿は航空の経験が比較的豊富な海軍軍人でもあった。

ちなみに、大正十五年（一九二六）に海軍大学校を卒業した頃、草鹿は教官に向かい、

「短波を使って敵方の動きを探ることができませんか？」

と発言したという。しかし、短波を使うという原理を他の海軍軍人が理解できなかったからか、

残念なことにこの方法（＝レーダー）の開発が本格化することはなかった。

●真珠湾攻撃の遂行を全部一任される

同十六年四月、山本の強い意向に添うかたちで、「赤城」などの空母五隻と、護衛の駆逐艦とからなる第一航空艦隊が編成される。この時、第一航空艦隊の司令長官には南雲忠一（なぐもちゅういち）海軍中将が、参謀長には草鹿が抜擢されるが、その直後、草鹿は海軍大学校の同期である福留繁海軍少将から非公式に真珠湾攻撃の素案をみせられた。

同作戦はこれまた山本の強い意向で作戦立案が進められていたが、素案を読んで、

「敵情の調査は精密になされているが、これでは作戦はできない」

と草鹿は思った。ところが、真珠湾を攻撃する部隊は、第一航空艦隊を予定しているという。驚いた草鹿はすぐさま司令長官の南雲に報告したが、南雲は作戦に反対で、草鹿もそれに同意見だった。また、第十一航空艦隊の司令長官・塚原二四三（にしぞう）司令長官、そして素案作成に関与していた参謀長の大西瀧治郎海軍少将も同意見だったから、南雲、塚原、草鹿、大西は協議の末に、山本に作戦の白紙撤回を求めることで合意した。

十月三日、草鹿と大西は連合艦隊の旗艦「陸奥（むつ）」の山本を訪ねた。しかし、両長官の意見具申（ぐしん）を

伝えても、両参謀長が同意見であることを伝えても、山本は耳を傾けず、二人（＝草鹿、大西）に作戦の準備を命じた（32頁「大西瀧治郎」、120頁「南雲忠一」の項参照）。この日、山本は意見具申が不首尾に終わり、落胆して辞去する草鹿を呼び止め、

「その計画は全部君に一任する。なお南雲長官には君からその旨伝えてくれ」

という言葉をかけた。右のうち、その計画とは真珠湾攻撃、君とは草鹿のことで、その旨とは作戦遂行を草鹿に一任するということの他に、作戦を必ず遂行したいという山本の固い意思も含まれていた。「全部君に一任する」といわれては、なおも白紙撤回を主張する訳にはいかない。草鹿は、以後、反対意見を述べないこと、作戦遂行に全力を尽くすことを山本に告げ、南雲のもとへ戻ったという（草鹿龍之介『連合艦隊参謀長の回想』）。

そして、「案ずるより産むが易し」という表現は適切ではないかも知れないが、十二月の真珠湾攻撃で第一航空艦隊は、未曾有の大戦果をあげることができた。けれども、第一航空艦隊は真珠湾への攻撃を反復しなかったし、連合艦隊から命じられたミッドウェー

「吹雪」型の駆逐艦「朧」。昭和十六年前半まで第一航空艦隊第五航空戦隊所属だったが、日米開戦の際は南方作戦に出撃し、代わって姉妹艦の「漣」と「潮」がミッドウェー砲撃作戦に参加した

島爆撃も遂行しなかった。なお、ミッドウェー島に関しては、司令・小西要人海軍大佐率いる第七駆逐隊第一小隊（駆逐艦「潮」、同「漣」）が八日にミッドウェー島（サンド島）へ向けて主砲の砲弾約三〇〇発を放った。しかし、連合艦隊では「戦果が不十分」と判断して、第一航空艦隊に空母の攻撃隊による爆撃を命じようとしたのである。

戦後、草鹿は著作の中で、真珠湾攻撃での攻撃の反復に関しては「下司の戦法」であると断言しており、ミッドウェー島の爆撃に関しては、

「横綱を破った関取に、帰りにちょっと大根を買ってこいというようなもの」

とも断言している。いずれにしても、攻撃を反復せず、ミッドウェー島爆撃もしなかったのは、山本からすべてを一任されていた草鹿の意思を反映したものであろう。

それはともかく、真珠湾攻撃から帰還するや、南雲や草鹿は未曾有の大戦果をあげた部隊の司令長官と参謀長として各方面から褒めそやされた。草鹿自身が書き残しているところによると、真珠湾攻撃から内地へ帰還後、南雲と草鹿とがある人物に大戦果を報告した際にはその人物の側近が草鹿に向かい、「これで男爵は間違いありませんね！」などという意味のおべんちゃらを口にしたという。過去には明治三十八年の日本海海戦を勝利に導いた司令長官・東郷平八郎海軍大将が華族である侯爵、参謀長の加藤友三郎海軍少将が子爵に叙爵された事例がある。おそらく、その側近は草鹿が叙爵される可能性がすこぶる高いと判断し、「今のうちにお近づきになっておこう」と思って

そう口にしたのだろう。

ただ、福留の「無事に帰ったなら全員、二階級特進だ！」という話は沙汰止みになったし、ミッドウェー海戦での大敗で叙爵どころではなくなった。

●大敗後に第三艦隊参謀長へ横すべり

ここでは繰り返し戦況の推移に触れないが、この後、南雲、草鹿らの第一航空艦隊は同十七年四月のインド洋作戦までは連戦連勝だったが、六月のミッドウェー海戦で空母四隻を失うという大敗を喫した（14頁「山本五十六」、120頁「南雲忠一」などの項参照）。なお、戦後の草鹿の著作に、「ミッドウェー海戦に反対だった」という意味の記述がある。

ただし、この時の草鹿の態度、対応に関しては、第一航空艦隊の内部でも評価が分かれていたらしい。まず、先任参謀・大石保（たもつ）海軍中佐が行なった「参謀は全員自決」という上申を却下したことに関しては、参謀の間でも評価が分かれている。実名はあげないが、ある参謀はこの時の草鹿を「本当の意味で肚（はら）が座っていた」と高く評価しているが、別の参謀は草鹿が「（肚が座っていたのではなく）腰を抜かしていた」と酷評している。

無論、もともとミッドウェー海戦は山本らの作戦からして無理があった。したがって、大敗は草鹿一人の責任ではないが、ただ、参謀長として「打つべき手を打っていなかった」、あるいは「引き際を誤った」と批判されても仕方がないことがらがいくつかある。

まず、「打つべき手を打っていなかった」という点に関しては、次のような事例をあげることができよう。完勝に近いインド洋作戦でのことだが、敵方の航空機が投下した爆弾が第一航空艦隊の空母の近くに落ちた。日本海軍では軍艦から放った砲弾、航空機が投下した爆弾が目標のすぐ側へ落ちることを至近弾という。これを受け、「空母の集中運用は危険」と主張した参謀がいたというが、そもそも第一航空艦隊は空母の集中運用を目的として編成された艦隊である。

結局、その主張は握り潰されてしまうが、仮に参謀長である草鹿が危険性の分析、対策などを講じていれば、ミッドウェー海戦で空母四隻を一挙に失うという大敗はなかったかも知れない。この点は返す返すも残念である。

また、ミッドウェー海戦の大敗後、内地へ帰還して連合艦隊で戦況報告を行なった際、草鹿は「仇討ちの機会を与えて頂きたい」と司令長官の山本に申し出たという。

一方、草鹿からの嘆願を受けた山本はそれを容れ、新たに編成した第三艦隊の司令長官、参謀長に南雲、草鹿を横すべりさせている。この第三艦隊は機動部隊で、実質的に艦隊名を変えて第一航空艦隊が再建された恰好になった。次いで、同年十月の南太平洋海戦に臨んだ南雲、草鹿のコンビは第二艦隊とともに空母「ホーネット」を討ち取っており、敵方に「一矢報いた」感がある。けれども、ミッドウェー海戦の大敗後、草鹿がすぐに参謀長の職を去るという判断もあってしかるべきではなかったかとも思われる。

●ラバウルから連合艦隊司令部へ

どうにか「一矢報いた」南太平洋海戦の翌月（十一月）、草鹿は第三艦隊参謀長から横須賀航空隊司令に転じた。司令にはちょうど一年間在職するが、そんな時に、塚原がマラリアに罹(かか)り、内地への帰還を余儀なくされてしまう。当時、塚原は第十一航空艦隊司令長官で、同艦隊は南太平洋のニューブリテン島・ラバウルに司令部を置いていた。

そこで、病気の塚原に代わってラバウルへ第十一航空艦隊司令長官（のち南東方面艦隊司令長官兼第十一航空艦隊司令長官）として着任したのが、海軍兵学校の校長・草鹿任一海軍中将だった。しかし、草鹿任一はもともと砲術畑で、開戦前から海軍兵学校の校長だったという人物である。つまり、航空の分野に疎(うと)く、太平洋戦争では実戦の経験もなかった。自身の知識不足、経験不足を熟知していた草鹿任一は、

「航空の分野に明るく、実戦の経験が豊富な人物を参謀長に据えたい」

と考えたが、そんな人物が草鹿任一のごく近い親戚にいたのである。その人物こそ誰あろう、

従弟（いとこ）の草鹿龍之介だった。

　そこで、草鹿任一は人事異動の内示を受けた際、海軍省や連合艦隊などに「参謀長には草鹿龍之介を据えて頂きたい」と強く申し入れた。

　ところで、かつては「海軍一家」という言葉があり、日本海軍では海軍軍人の子、弟、甥（おい）などが海軍軍人になった事例がすこぶる多いし、海軍軍人が他の海軍軍人の娘や姉妹、義理の姉妹を妻に迎える縁組も多かった。

　しかし、同じ姓氏、同郷で遠縁の間柄だった宇垣完爾（うがきかんじ）と宇垣纏（まとめ）が終戦前、それぞれ航空艦隊の司令長官をつとめたような事例があるものの、同じ姓氏の従兄と従弟とが同じ艦隊の司令長官と参謀長をつとめたという事例は他にはない。特に、従兄の強い希望を海軍省などが呑（の）んだという点で、「日本海軍はじまって以来の異例の人事」だったといえよう。

　着任後、参謀長の草鹿は航空隊の戦力強化をし、敗勢を食い止めたいと考えた。しかし、アメリカをはじめとする連合軍は、同十九年二月にもトラック諸島を空襲する。やむなく、連合艦隊はすぐさまラバウルの航空隊を他へ転用する。これに伴い、ラバウルは防禦（ぼうぎょ）能力の低下が危惧されたものの、幸か不幸か、敵方はラバウルを飛び越す恰好で作戦を繰り広げた。はからずも危機を脱したラバウルで、草鹿は不遇をかこつ他はなかった。

●「一億総特攻の魁となって頂きたい」

同二十年四月、草鹿は連合艦隊参謀長兼海軍総隊参謀長に抜擢される。翌月、職名は海軍総隊参謀長兼連合艦隊参謀長に変更となり、同時に海軍中将へ進級した。

さらに、八月十日に海軍総隊司令部付となったものの、その直後に第五航空艦隊司令長官に据えられた（発令は十七日）。このうち、草鹿は参謀長として、敗勢の食い止めを目指す。けれども、戦況は思うに任せず、草鹿は第二艦隊司令長官・伊藤整一海軍中将に、

「（伊藤と戦艦『大和』に）一億総特攻の魁（さきがけ）となって頂きたい」

などと懇願（こんがん）する他はなかった。よく知られているように、やがて第二艦隊は「天一号作戦」の一環として沖縄へ向け出撃したものの、敵方の大規模な航空攻撃のために「大和」、軽巡洋艦一隻、駆逐艦四隻が沈没し、伊藤ら約四〇〇〇人が戦死している。

また、草鹿が八月十日に海軍総隊司令部付となる直前の六日に広島、九日には長崎へ原爆が投下されたが、海軍総隊（＝連合艦隊）の司令部で「原爆がいかなる兵器か？」という点を理解していたのは草鹿一人だった（中島親孝（ちかたか）『連合艦隊参謀室』）。

さらに、終戦直後に大分基地（大分市）の司令部へ向かっていた最中、艦上爆撃機「彗星（すいせい）」に乗った司令長官・宇垣纏海軍中将が同基地を出撃した（83頁「宇垣纏」の項参照）。かかる事情もあり、

司令長官となった草鹿は、各航空隊の停戦、武装解除、搭乗員の復員などに腐心している。特に大変だったのは徹底交戦を叫ぶ若手搭乗員の説得で、一刀正伝無刀流（無刀流）剣術の達人（後述）である草鹿は、若手搭乗員の眼前に刀を置き、

「停戦、武装解除に納得できないのであれば、この刀で私を斬れ！」

などと発言したという。さらに、アメリカ軍との交渉にも従事したと、草鹿は自身の著作『連合艦隊参謀長の回想』（同四十九年）に記している。この著作は光和堂という出版社から刊行したものだが、この光和堂は従兄の草鹿任一がラバウル時代の部下などとともに創業したものである。先に少し触れた通り、連合軍がラバウルを飛び越して作戦を進めたため、将兵はその地に取り残されてしまう。やむなく、司令長官の草鹿任一は自ら畑を耕して食糧をつく

伊藤整一
（出典：『沖縄方面海軍作戦』〔戦史叢書17〕）

る一方で、苦労して現地で教科書用の冊子を印刷する。

そして、教員経験者や海軍兵学校出身の海軍士官などに教員役を命じ、同艦隊の若い兵が復員後に必要な教育に当たらせたという。以上のような経験をもとに、戦後、草鹿任一とかつての部下らは出版社・光和堂を設立し、草鹿の『連合艦隊参謀長の回想』や、さらには草鹿任一自身の『ラバウル戦線異状なし』といった戦記物、合気道（後述）の解説書、そして戦後の草鹿任一が精力を傾けた引揚事業の記録といった、他に得難い図書を多数世に問うている。

●無刀流宗家となり合気道も評価

実は、太平洋戦争の前から草鹿は、海軍軍人として異色の存在だった。それは剣術や禅に耽溺し、特に前者に関しては剣豪・山岡鉄舟を流祖とする一刀正伝無刀流剣術に入門して奥義を究めている。そして、現役の海軍軍人だった時代に、同流剣術の第四代宗家に就任した。

そういった経歴の持ち主であったからか、草鹿は、

「一撃を加えて残心することなく退く」

という戦法を信奉していた。ここでいう残心に関しては武術（古武術）の各流派、武道の各ジャンルでさまざまな解釈がなされているが、「技を終え、力を緩めた後も心が途切れないこと」と理

解されることが多い。

このため、草鹿と同流剣術との関係を述べた上で、第一航空艦隊が真珠湾への攻撃を反復しなかったのを「草鹿一人の責任」と決めつける向きがある。ただし、それはまったくのお門違い、暴論であるといってもよいであろう。

また、植芝盛平が創始した合気道にも理解を示していたとされ、植芝が開戦後に海軍大学校で合気道を指導したのを草鹿の依頼によるものとみる説がある。

戦後、最晩年にインタビューした作家・亀井宏は、当時の草鹿がすこぶる運動神経が良い点に驚いたという（亀井宏『ミッドウェー戦記』）。

昭和四十六年（一九七一）、草鹿は兵庫県宝塚市の自宅で病没した。七十九歳だった。

草鹿龍之介著『連合艦隊参謀長の回想』（昭和五十四年）の表紙。海軍提督の著作としては珍しく、著者の剣術修行の写真が表紙にあしらわれている

山口多聞(たもん)　中型空母の参加を実現させた司令官

生没年＝明治二十五年（一八九二）～昭和十七年（一九四二）。出身地＝東京都（島根県）。卒業年次＝海軍兵学校第四十期、海軍大学校（甲種）第二十四期。開戦時の階級＝海軍少将（戦死後、海軍中将へ進級）。開戦時の配置＝第二航空戦隊司令官。

●渡米してアメリカの名門大学に留学

昭和十七年（一九四二）六月のミッドウェー海戦で孤軍奮闘の末に戦死したことで知られる連合艦隊屈指の名将だが、前年（同十六年）十二月の真珠湾攻撃ではその都度、的確な判断をして未曾有の大戦果に貢献している。わけても、真珠湾攻撃への空母「蒼龍(そうりゅう)」と「飛龍(ひりゅう)」の参加（投入）を実現させた点は、特筆すべき点であろうと思う。

そんな山口多聞は出雲(いずも)松江藩（松江市）の藩士の子孫だが、明治二十五年（一八九二）に東京で生まれ、東京で育つ。下の名前は南北朝時代の武将・楠木正成(くすのきまさしげ)の幼名(ようみょう)・多聞丸にちなんだもので、本人も気に入っていた。また、出撃前に正成を祀る湊川神社（神戸市中央区）に参拝したこともある。ちなみに、山口家は、父が日本銀行理事、兄が三菱銀行理事で、叔父（父の弟）二人も工学博士、理学博士というエリートぞろいの家系であった。

成長後、山口は旧制開成中学校（現・私立開成中学校、高校）を経て海軍兵学校を次席で卒業したが（第四十期）、在学中は剣道などの運動の分野でも有名だったという。

特に、健康、体力には自信があり、

「頭が痛い、腹が痛いという話を耳にするが、自分（＝山口）にはそれが

楠木正成を祀る湊川神社（神戸市中央区）

大石神社義芳門（兵庫県赤穂市）。山口多聞が参拝した湊川神社の旧門で、昭和十七年に大石神社へ移築されたため、同二十年の神戸大空襲を免れた

どういうことなのか、まったくわからない」
という意味のことを山口が口にしていたとされている。

次いで、海軍水雷学校高等科を修了後は潜水艦の水雷長、海軍水雷学校教官などを歴任し、海軍大学校（甲種）も次席で卒業してからは（第二十四期）、軍令部や連合艦隊の参謀、海軍大学校の教官、在アメリカ大使館駐在武官（前後二回）といったエリートコースを進む。このうち、駐在武官時代に、アメリカの名門・プリンストン大学に留学する。以上の他にも、第一次世界大戦の最中の大正六年（一九一七）には第二特務艦隊の一員として遠く地中海へ赴いて船団護衛に従事したこともあった。したがって、海外での経験が多い海軍軍人の一人で、そういった経歴は山本五十六海軍大将の経歴と似通っているといっても大過はないであろう。

なお、山本とは私生活の面で交流があった。たとえば、山口は病気で妻を亡くした後、四竈孝輔海軍中将の姪を後妻に迎えている（奥宮正武海軍少佐の妻は山口の後妻の姉妹）、侍従武官や大湊要港部司令官を歴任した四竈は、山本と妻の仲人をつとめた人物だった。ちなみに、在アメリカ大使館駐在武官時代の山口は苦労してアメリカ海軍の極秘文書を入手し、翻訳、分析したこともあるとされている。

帰国後、山口は軽巡洋艦「五十鈴」、戦艦「伊勢」の艦長などを歴任し、海軍少将に進級して以降の同十五年一月、中国大陸に展開していた第一連合航空隊（基地航空部隊）司令官に抜擢された。

山口が航空と関わりを持ったのは、この時が最初である。

そして、アメリカとの戦争が避けられないとみられつつあった同十五年十一月、山口は第二航空戦隊司令官に抜擢された。次いで、四月には空母「蒼龍」と「飛龍」からなるその第二航空戦隊が、世界最初の機動部隊・第一航空艦隊へ編入されている。

●「漂流してもよいから連れていけ！」

同年九月中旬、山本は連合艦隊、第一航空艦隊の司令長官、司令官、参謀長、参謀、それに軍令部の部長、課長ら約三〇人を集め、東京・目黒の海軍大学校で真珠湾攻撃の図上演習を行なう。これは同月十六日のことだが、眼目であるはずの図上演習をはじめるという段階で第一航空艦隊の指揮官である司令長官の南雲忠一（なぐもちゅういち）海軍中将と、航空作戦の責任者である航空（甲）参謀・源田実海軍中佐との間で意見の相違が露呈した。

その意見の相違は、ハワイへ向かう第一航空艦隊の燃料の洋上補給、航路に関してのものだが、南雲は敵方の警戒が厳しいが洋上補給が容易な南方航路を主張し、源田は海が荒れると洋上補給が困難ではあるものの、警戒が緩（ゆる）い北方航路を主張したのである。その時、山口は、

「本職（＝山口）は源田参謀の案に賛成である！」

と大声で発言したので、他の司令官や参謀長らも相次いで賛同した。これには南雲もまいってしまい、不承不承ながら北方航路の航行を認めざるを得なくなる。

そういえば、源田が書き残しているところによると、当初、真珠湾攻撃に賛成したのは、第一航空艦隊の司令長官、司令官、参謀長クラスでは山口一人だったという。

ところで、右で燃料補給のことに触れたが、真珠湾攻撃の準備が進む中で、中型空母の「蒼龍」と「飛龍」は燃料の搭載量が少なく、航続距離も短いことが問題となった。

また、フィリピン（比島）攻略作戦にも空母を回したいと考えていた軍令部などでは、「真珠湾攻撃を空母『赤城』など四隻で行ない、『蒼龍』と『飛龍』は比島へ回すべき」と主要する者が多かった。もっとも、建造の途中に巡洋戦艦から空母へと改造された「赤城」も航続距離が短かったから、

「『蒼龍』と『飛龍』だけでなく、『赤城』の搭乗員と航空機も各空母から降ろし、残る三隻に積み込んで真珠湾を攻撃する」

などという作戦まで立案されたという。しかし、その頃、第二航空戦隊の「蒼龍」と「飛龍」の搭乗員は、九州各地の基地で血の滲むような猛訓練を重ねていたのである。

そういった搭乗員の苦労を誰よりも熟知し、かつまた山本が空母六隻の投入を熱望していることも知っていた山口は、空母四隻案、空母三隻案に激しく難色を示す。

遂には、説得に訪れた参謀を罵倒（ばとう）しただけでなく、南雲や参謀長・草鹿龍之介（りゅうのすけ）海軍少将のもとへ直談判へ赴き、草鹿に、

「燃料は片道分で帰りは漂流してもよいから、とにかくハワイへ連れていけ！　それも認めないというのならば、自分は切腹するしかない」

と悲壮な決意を口にする。また、この時、勢い余った山口が上司である南雲の肩、もしくは胸ぐらを摑（つか）んだという。

幸いにも、山本の腹心である先任参謀・黒島亀人（かめと）海軍大佐の活躍もあり、「蒼龍」と「飛龍」の参加が決定した。しかし、「蒼龍」艦長・柳本柳作（やなぎもとりゅうさく）海軍大佐、「飛龍」艦長の加来止男（かくとめお）海軍大佐をはじめとする両艦の乗組員は、大変な苦労を強いられた。なぜならば、航続距離を少しでも伸ばすべく、燃料を入れた大量のドラム缶、さらには一斗樽（いっとだる）を艦内へ詰め込む作業に忙殺されたからである。

軍艦に限らず、すべての艦船は転覆防止のために荷物の積載量や積載場所が著しく制限されていた。ましてや、敵方の本拠地を攻撃しようというのに、燃料を入れた大量のドラム缶を詰め込むというのである。豪気な山口はともかく、柳本、加来や両艦の乗組員は背筋に寒いものを感じながら、細心の注意を払いつつ詰め込み作業を行なったに違いない。

さらに、両艦が択捉島（えとろふとう）・単冠湾（ひとかっぷわん）を出撃した後も、荒天に伴うピッチング（縦、前後方向の揺れ）、ローリング（横方向の揺れ）があってドラム缶内の燃料が漏れ出したため、燃料の酷（ひど）い臭いと、燃

料で滑る床に苦しんだ、と戦後、生き残った乗組員が証言している。

●太平洋やインド洋の各地を転戦する

いうまでもなく、十二月八日の未明（現地時間では七日）の真珠湾攻撃で第一航空艦隊は、未曾有の大戦果をあげることができた。攻撃に参加した機数は第一次、第二次の攻撃隊を合わせて、「蒼龍」が九七式艦攻一八機、九九式艦爆一七機、零戦一七機の合計五二機、「飛龍」が九七式艦攻一八機、九九式艦爆一六機、零戦一四機の合計四八機である。

一方、第一次攻撃隊では両艦に未帰還の機が一機もなかったが、第二次攻撃隊で「蒼龍」で九九式艦爆二機、零戦三機、「飛龍」で九九式艦爆二機、零戦一機を出す。九九式艦爆は複座（二人乗り）、零戦は単座（一人乗り）で、機上戦死はなかったから、戦死は一二人ということになる。また、未帰還の零戦

ウェーキ島を攻撃する第二航空戦隊の九七式艦上攻撃機
（出典：『中部太平洋方面海軍作 <1>』〔戦史叢書 38〕）

の中には「蒼龍」制空隊の隊長・飯田房太（ふさた）海軍大尉（２０４頁「飯田房太」の項参照）、「飛龍」の搭乗員・西開地重徳（にしかいちしげのり）海軍一等飛行兵曹（２１２頁「西開地重徳」の項参照）らも含まれていた。当時、西開地は被弾後、自爆したものとみなされていたが、いずれにしても山口や加来らは心を傷めたことであろう。

やがて、両艦の搭乗員、乗組員たちが大戦果に酔いしれる中、通説では山口が再度の攻撃を南雲に進言したことになっているが、実際には進言はなかったものと推測される。

ただし、「蒼龍」と「飛龍」、第八戦隊（重巡洋艦二隻）、第十七駆逐隊第一小隊（駆逐艦二隻）は真珠湾攻撃からの帰途に第一航空艦隊の本隊から分かれ、難航していたウェーキ島攻略作戦の増援を命じられた。同月二十一日と二十二日、両空母を発進した攻撃隊による空襲と、二十二日からの陸戦隊の上陸により、日本海軍は同島の攻略に成功する。

さらに、この後も「蒼龍」と「飛龍」はクリスマス島攻略作戦、次いでセイロン沖海戦をはじめとする一連のインド洋作戦などに従事する。無論、どこも連戦連勝だった。

●残った「飛龍」一隻で孤軍奮闘する

連合艦隊は四月のインド洋作戦までを第一段作戦と位置づけていたが、第一段作戦の終了後の五月八日、山口は第二航空戦隊の旗艦を「蒼龍」から「飛龍」へと移す。

次いで、同十七年六月五日のミッドウェー海戦の中盤、「蒼龍」と、第一航空戦隊の空母「赤城」と「加賀」とが同時に敵方の攻撃を受けた。この時、「赤城」と「加賀」の艦上では九七式艦攻などの兵装の再転換が行なわれていたのである。もっとも脆弱な一瞬を攻撃された両艦は瞬時にして大炎上し、同じく攻撃で大炎上した「蒼龍」も沈没や魚雷処分を余儀なくされた。これより先、兵装の再変換が開始された際、山口は「飛龍」から、

「現装備ノママ攻撃隊を直チニ発進セシムルヲ至当ト認ム（註＝電文に異説あり）」

という発光信号を旗艦の「赤城」へ送るが、南雲は耳を傾けなかったのである。発光信号が握り潰されたこと、「蒼龍」が失われたことに激しく憤りながらも、山口は軽巡洋艦「長良」へ移乗した南雲に代わって航空作戦の指揮をとり、「飛龍」から攻撃隊（九九式艦爆一八機、零戦六機／註＝機数に異説あり）を発進させた。山口らの期待に応えて、攻撃隊は敵方の空母「ヨークタウン」に打撃を与えることに成功する。この後、手負いの「ヨークタウン」は、潜水艦「伊号第百六十八」の雷撃を受けて太平洋へ沈んだ。

●艦長の加来止男とともに艦橋へ留まる

しかし、残念なことに攻撃隊を発進させた直後、「飛龍」は敵方の空母「エンタープライズ」と「ホーネット」を飛び立ったＳＢＤドーントレス急降下爆撃機二四機の攻撃を受け、大損害を蒙る。やむなく、翌日（六日）午前零時十五分、遂に艦長の加来が、総員退去を発令する。次いで、山口と加来が飛行甲板へ降り、まず加来が集まった乗組員に向かい、真珠湾攻撃から今回のミッドウェー海戦まで、全力を尽くして職務を遂行してくれた点と、海軍軍人としての本分を遺憾なく発揮してくれた点とに感謝の意を表した。

また、今回の海戦で、多くの乗組員を戦死させてしまったことを詫びるとともに、

「（アメリカとの）戦いはまさにこれからである。一層奮励してくれ。奮闘を祈る」

ともつけ加えている。この後、山口が訓示をしたが、「艦長の訓示にすべていい尽くされている」と述べた上で、乗組員とともに「天皇陛下万歳」を奉唱した。当夜、艦上から美しい月がみえたというが、二人はその月を愛で、駆逐艦から届けられた水とビスケットを口にした。ちなみに、訓示の光景、月を愛でる光景は、絵画に描かれたり、教科書の題材になったりしている。

この時、主計長が艦内にある現金の扱いに関して判断を求めたが、加来は「三途の川を渡るにも金がいる」という理由で現金を残すよう命じている。

そして、山口と加来は艦橋へ戻っていく。「飛龍」の消火、次いで乗組員の救助を指揮した第十駆逐隊司令・阿部俊雄海軍大佐が再三再四、駆逐艦へ移乗するよう勧めたが、山口と加来は耳を傾

けなかった（宇垣纏『戦藻録』）。なお、この時、

「乗組員の救助が終わったら、駆逐艦の魚雷で『飛龍』を処分してほしい」

と山口、もしくは加来が阿部に依頼したという。

やがて、処分のために駆逐艦「巻雲」が放った魚雷を受け、「飛龍」は海中へと没した。山口は四十九歳、加来は四十八歳であった。

二人が戦死したとの報告に接した連合艦隊参謀長・宇垣纏海軍少将は、

「級友山口多聞少将と航空の権威たる加来止男大佐を失ふ。痛恨限りなし。山口少将は剛毅果断にして識見高く潜水艦勤務を専務としたるが、後期聯合艦隊先任参謀、大學校教官、米國駐在、第二連合航空隊司令官等を歴任し現職に在る事二年有半なり。餘輩と勤務を等しくしたること少尉時代

山口多聞が若き日に乗り組んだ防護巡洋艦「筑摩」のマスト（神戸市中央区・湊川神社）

の伊吹筑摩の南遣支隊を始めとし、軍令部艦隊大學校等極めて縁多く常に意見を交えたり。餘の級中最も優秀の人傑を失ふものなり（中略）司令官の責任を重んじ、茲に従容として艦と運命をともにす。其の職責に殉ずる崇高の精神正に至高にして喩ゆる物なし」

と日記『戦藻録』の同月六日の箇所に記している。以上のうち、大學校は海軍大学校、餘輩、餘は宇垣自身、伊吹筑摩は巡洋戦艦「伊吹」、防護巡洋艦「筑摩」、南遣枝隊とも表記する南遣支隊は第一次世界大戦の際に編成された艦隊をそれぞれ指す。前後したが、山口と宇垣は海軍兵学校の同期（第四十期）で、『戦藻録』で宇垣が触れているように海軍少尉となって以降、山口と宇垣は何度となく同じ職場に勤務した。先に触れた湊川神社の境内には廃艦となった防護巡洋艦「筑摩」のマストが保存されていたこともあり、山口は出撃前に同神社を参拝したのである。

また、『戦藻録』のミッドウェー海戦以前の箇所には山口が連合艦隊旗艦の参謀長室を訪れ、宇垣と意見を交わしたとも記されている。

「蚊帳の外」に置かれていた参謀長（＝宇垣）と、連合艦隊屈指の闘将（＝山口）とがそんなに親しい仲であったというのは意外という他はない。

次に、砲術畑の大物である宇垣が、砲術畑から航空の分野へと進んだ加来に下した「航空の権威たる」という評価は留意すべきである。前後したが、加来は海軍大学校（甲種）を卒業（第二十五期）して以降、霞ヶ浦航空隊教官、航空本部総務部員、横須賀航空隊教官、連合艦隊航空参謀、大湊航空隊司令、木更津航空隊司令、水上機母艦「千代田」艦長、航空技術廠総務部長などの航空の分野の要職を歴任していた。現在ではあまり取り沙汰されないが、当時、加来の航空に関する識見は相当のものだったのだろう。

　これは戦後のことだが、真珠湾攻撃で攻撃隊の総隊長をつとめた淵田美津雄海軍中佐、あるいは第一航空艦隊参謀長の草鹿といった人々が、短時間で航空の要諦を会得した山口に大いに期待していたことを、それぞれ著作などに書き残している。

　たとえば、淵田は、

「山口少将は、当時わが海軍の武将中では、ナンバーワンの俊英であった。（中略）私は緒戦の当初から、南雲部隊はこの人が長官となって指揮したら——とひそかに思っていた」

と、その著書に書き残している。ここでいう「緒戦の当初」とは真珠湾攻撃、「南雲部隊」は第一航空艦隊、「この人」は山口を指す。また、草鹿などは、

「連合艦隊参謀長はおろか、もっと重要な配置につくべき人であった」

とまで、やはり戦後の著書に書き残している。草鹿のいう「もっと重要な配置」とは、海軍大臣や連合艦隊司令長官を指すのだろう。

　戦死後、山口は海軍中将、加来は海軍少将へ進級しているが、開戦後、半年というこの時期に、山口、そして加来のような名指揮官を失ったことは日本海軍にとって大きな損失であったといえよう。

第5章　「世紀の奇襲」を成功させた海鷲たち

淵田美津雄(みつお)「トラ・トラ・トラ」で名高い総隊長

生没年＝明治三十五年（一九〇二）～昭和五十一年（一九七六）。出身地＝奈良県。卒業年次＝海軍兵学校第五十二期、海軍大学校（甲種）第三十六期。開戦時の階級＝海軍中佐。開戦時の配置＝空母「赤城」飛行隊長、第一次攻撃隊長（総隊長）兼第一攻撃隊（水平爆撃隊）隊長。

●二度目の「赤城」飛行隊長に就任

昭和十六年（一九四一）十二月八日の早朝（現地時間は七日）の真珠湾攻撃で、第一次攻撃隊の隊長をつとめた空母「赤城」の飛行隊長である。また、第一航空艦隊幕僚事務補佐の辞令も得ていた淵田美津雄は、第二次攻撃隊を含むすべての航空機の空中指揮官をつとめた。このため、周囲の飛行隊長からは総隊長と呼ばれている。

そんな淵田は明治三十五年（一九〇二）に現在の奈良県葛城(かつらぎ)市で生まれ、成長後に旧制畝傍(うねび)中学校（現・県立畝傍高校）を経て海軍兵学校を卒業した（第五十二期）。同期には真珠湾攻撃に素案作成の段階から深く関わった源田実がいる。昭和三年一月、淵田は霞ヶ浦航空隊第六期偵察学生となって航空の分野へ足を踏み入れ、以後、空母「加賀（かが）」乗組、佐世保航空隊付、潜水母艦「迅鯨（じんげい）」飛行長、横須賀練習航空隊高等科学生、軽巡洋艦「名取（なとり）」飛行長、館山航空隊分隊長などを歴任した。さらに、海軍大学校（甲種）第三十六期を卒業するが、在校中に臨時第二連合航空隊参謀として日中戦争に出征している。次いで、空母「龍驤（りゅうじょう）」飛行隊長を経て、同十四年十一月に「赤城」飛行隊長に就任した。

なお、横須賀航空隊のような規模の大きな航空隊を除くと、通常は空母の艦長、航空隊の司令の

淵田美津雄著『真珠湾攻撃総隊長の回想』（平成十九年）の表紙にあしらわれた著者の写真。真珠湾攻撃の直前に撮影したものであるという。軍服（第一種軍装）の左胸には略綬（りゃくじゅ）（勲章や記章を示すリボン）、襟には海軍中佐の階級章が確認できる

階級は海軍大佐、飛行長の階級は同中佐、飛行隊長の階級は同少佐である。

ところが、「赤城」飛行隊長を一年、第三航空戦隊航空参謀を一〇か月つとめた淵田は同十六年八月に、再び「赤城」飛行隊長に任命された。先に触れた通り、通常、飛行隊長は少佐だが、淵田はその年の秋に中佐への進級が予想されていたのである。しかも、一度つとめた「赤城」の飛行隊長にもう一度任命されるというのもおかしい。このため、司令官の角田覚治（かくたかくじ）海軍少将（当時）と二人で仰天した後、淵田は「これは飛行長の間違いだ」と理解して「赤城」へ着任する。けれども、「赤城」では飛行長・増田正吾海軍中佐が待っていて、増田が飛行長、中佐目前の淵田が飛行隊長で間違いないという。

淵田が再び仰天していると、別の士官が第一航空艦隊航空（甲）参謀の源田の話として、

「来年度は航空母艦群の集団使用を演練（えんれん）するとかでね、母艦飛行機群の統一指揮のために、中佐級の大飛行隊長が要（い）るんだってよ」

と淵田に語ってくれた。実は、空母の集団使用に関して淵田は前回の「赤城」飛行隊長の時、第一航空戦隊司令官・小沢治三郎（じさぶろう）海軍少将（当時）に意見書を提出したことがあった。だから、「航空母艦群の集団使用を演練（演習、訓練）」と聞いて、淵田は「本筋に戻った」と大いに喜んだという（以上、淵田美津雄『真珠湾攻撃総隊長の回想』）。

●攻撃隊の総隊長＝空中指揮官となる

航空（甲）参謀の源田は真珠湾攻撃作戦のために、内地のみならず中国戦線の航空隊からも優秀な搭乗員を集めようと試みた。引き抜きの第一弾が、海軍兵学校で同期（第五十二期）だった淵田である。淵田は航空の分野でのキャリアが豊富であるだけでなく、卓越した戦術眼や指揮能力も有していた。何よりも、過去に第一航空戦隊の旗艦であった「赤城」飛行隊長の経験があることや、三座（三人乗り）である九七式艦攻の偵察であることも、第一航空艦隊全体の空中指揮官として最適任だったのである。

無論、淵田を二度目の「赤城」飛行隊長に据えるという人事は、源田の進言を第一航空艦隊の司令長官・南雲忠一海軍中将、参謀長・草鹿龍之介海軍少将らがもっともと認めて実現したものだった。なお、先に紹介した「赤城」のある士官は源田の話として、「母艦飛行機群の統一指揮のために、中佐級の大飛行隊長」

と表現したが、やがて第一航空艦隊の他の飛行隊長らは淵田を総隊長と呼ぶようになる。また、南雲は第一航空艦隊全体の空中指揮官として働きやすいようにと、淵田に（「赤城」飛行隊長に加えて）第一航空艦隊幕僚事務補佐という肩書も与えた。もっとも、着任した当初、淵田は真珠湾攻撃のことをまったく知らされていなかったという。

前後したが、従来は日本海軍の航空機は空母や航空隊ごとに行動することが多く、仮に共同作戦の場合も航空機は所属する空母、航空隊の指揮官の命令に従っていた。当時の空母の航空機の機種は、九七式艦攻、九九式艦爆、零戦の三種類だが、たとえば「赤城」では九七式艦攻を二七機、九九式艦爆を一八機、零戦を一八機といった具合に、一つの空母に一種類の機種だけを積んでいる訳ではない。このため、従来の地上訓練では母艦ごとに地上基地で訓練を行なっていたのである。

しかし、「世界最初の機動部隊」である第一航空艦隊の同十六年度後半の訓練では、航空機を艦攻隊は鹿児島、出水、宇佐へ、艦爆隊は笠野原、富高、大分へ、零戦からなる制空隊は佐伯、大村の各基地（航空隊）へ集めるなど、機種ごとに九州各地の基地で血の滲むような猛訓練を開始した。この時、淵田は鹿児島基地の司令部で、他の基地と連絡を取りながら訓練を指導したという。

そんな最中の九月下旬、鹿児島基地に源田が姿を現し、

「内密の話があるんだ」

と切り出した。淵田が私室へ招き入れると、源田は、

「実はな。こんど貴様は真珠湾空襲の空中攻撃隊の総指揮官に擬せられているんだ」

という、淵田にとっては「寝耳に水」の話をはじめた。驚いた淵田が、

「真珠湾空襲って何だ？」

と聞き返すと源田は、

㋐日米外交交渉が難航している。

㋑日米開戦の際には劈頭(へきとう)に真珠湾を攻撃する予定である。

㋒この作戦は連合艦隊司令長官・山本五十六(いそろく)海軍大将の発案である。

㋓真珠湾攻撃が遂行(すいこう)できるのは第一航空艦隊だけである。

ことなどを淵田に告げ、さらに淵田に、

「それ（＝真珠湾攻撃作戦）を引張(ひっぱ)ってゆくのが貴様なんだ」

とも付け加えた。この源田の発言に対して淵田は、

「これを聞いて私は奮い立った」

と戦後、『真珠湾攻撃総隊長の回想』に記している。この後、淵田は志布志(しぶし)湾に停泊していた旗艦「赤城」へ赴き、参謀長室で南雲、草鹿らとともに源田から真珠湾攻撃作戦の説明を受けた。ただ、淵田は、源田が、

「水深一二メートル程度の真珠湾で雷撃(らいげき)を行ない、艦艇に打撃を与える」

といっている点に疑問を持った。一二メートル程度などという水深が浅い場所で雷撃が不可能なことは、航空の分野で「飯を食う者」の常識中の常識である。しかし、源田は、

「雷撃ができないところで雷撃をすると大打撃を与えることができる」

という意味の発言をした。これを聞いた淵田は、「必ず雷撃を成功させてみせる」と、源田に告げている。次いで、参謀長の草鹿から、真珠湾攻撃を念頭に置いて訓練を進めてほしいこと、けれども真珠湾攻撃作戦は絶対秘密であることなどの注意があった。

無論、淵田は草鹿の注意に納得するが、

「『赤城』の村田重治海軍大尉（当時）にだけは訓練目的を明かしたいのですが……」

と草鹿に申し出た。すると、草鹿は、

「村田か、よかろう」

と頷き、「早い時期に飛行隊長級を集めて、訓練目的を明かす」と付け加えたという。

しかし、真珠湾攻撃では六隻の空母から第一次攻撃隊では一八三機、第二次攻撃隊では一六七機もの航空機が参加する。六隻合わせた最終的な機種、機数は九七式艦攻が一四三機、九九式艦爆が一二九機、零戦が七八機である。

また、空母からの発進は滑走距離の短い順――零戦→九九式艦爆→九七式艦攻――で発艦するが、各空母から発進した一五〇機を超える航空機が編隊を組むことすら困難で、当初は一時間以上を要した。しかし、これでは最初に発進した制空隊（零戦）は他の機の発進を待つ間に限られた燃料を無駄に消費してしまう。そこで、淵田は対策を練り、訓練を重ねることで、編隊を組み終わるまでの時間を大幅に縮めることに成功している。

なお、三種類の機種のうち、九九式艦爆は急降下爆撃を、零戦は制空隊として敵方の航空機に対応し、さらに地上の航空機や軍事施設の銃撃を受け持った。残る九七式艦攻は第一次攻撃隊、第二次攻撃隊を合わせて一〇三機が水平爆撃を、第一攻撃隊の四〇機が雷撃を受け持った。水平爆撃の訓練は、志布志湾沿岸に戦艦「オクラホマ」級の目標を描いて開始された。無論、爆撃は目標へ近づけば近づくほど命中率が向上するが、あまり近づき過ぎると対空砲火の餌食になってしまう。幸いにも、投下方法を研究し、訓練を重ねた結果、高度三〇〇〇メートルからの爆弾投下でも高い命中率を得ることに成功した。

同年十月、淵田は海軍中佐に、村田は同少佐へ進級するが、残る問題は雷撃である。それでも、村田らは九七式艦攻の高度、速度、発射時の姿勢などを研究、訓練し、どうにか浅海面（浅い海面）での雷撃にも自信を得た。この問題に関しては、幸いにも海軍省航空本部の愛甲文雄海軍中佐らが九一式航空魚雷に框板などを取り付けたことで、着水後の沈み込みが極端に小さくなった。

以上のように改良された九一式航空魚雷一〇〇本は、三菱重工業長崎兵器製作所長・岸本鹿子治海軍少将（予備役）らの手で納期までに生産され、大村航空隊で框板などの取り付けが行なわれた。さらに、完成した九一式航空魚雷一〇〇本を空母「加賀」が択捉島・単冠湾まで輸送し、そこで他の五隻の空母へ積み込まれたのである。

●オアフ島上空での「トラ・トラ・トラ」

同十六年十二月八日の日本時間午前一時半（現地時間は七日）、ハワイ・オアフ島の真北約二三〇海里（カイリ）（約四二六キロメートル）の地点で、淵田ら第一次攻撃隊の一八三機は第一航空艦隊の六隻の空母から発進した。「赤城」からの発進は最後の方であったが、編隊を組んで以降は淵田らの水平爆撃隊四九機が先頭を進む。この時の淵田の九七式艦攻の尾翼は、識別のために赤色と黄橙（おうとう）色（しょく）（オレンジ色）で塗装されていたという。

そして、日本時間午前三時十分、淵田らの第一次攻撃隊の各機はオアフ島上空に到着した。幸いにも、風は強いが天気は晴天で、敵方の戦闘機も見当たらない。そこで、淵田は九七式艦攻の風防（ふうぼう）を開け、信号用拳銃を一発放った。一発は奇襲、二発は強襲と決められていたので、雷撃隊、急降下爆撃隊は奇襲のために高度を下げていく。

ところが、制空隊が前方へ進出しなければいけないのに、まったく動こうとしない。淵田は、「信号を見落としたのか？」と考え、さらに信号用拳銃を一発放った。ところが、二発目の信号をみた急降下爆撃隊の第十五攻撃隊（空母「翔鶴（しょうかく）」）隊長・高橋赫一（かくいち）海軍少佐が、

「信号二発だから強襲だ」

と理解し、雷撃隊と先を争うように真珠湾へ殺到する。結果として、雷撃隊と急降下爆撃隊の同

時攻撃となったことを、淵田は、「寧ろ怪我の功名であった」と分析している。

日本時間午前三時十九分、淵田は電信の水木徳信海軍一等飛行兵曹に、「ト・ト・ト（ト連送＝全機突撃セヨ）」を打電させた。次いで、同じく水木に「トラ・トラ・トラ（＝我奇襲ニ成功セリ）」を打電させているが、この無電は第一航空艦隊の母艦「赤城」はもちろん、瀬戸内海・柱島沖の連合艦隊の旗艦「長門」でも受信できたという。

やがて、雷撃隊の雷撃、急降下爆撃隊、そして水平爆撃隊の爆弾投下も成功し、制空隊はヒッカム基地などの航空機、軍事施設の銃撃で活躍した。隊長・島崎重和海軍少佐率いる第二次攻撃隊の活躍もあり、第一航空艦隊はアメリカ太平洋艦隊の戦艦五隻などを沈没させるといった未曾有の大戦果をあげている。しかし、真珠湾には空母が一隻もいなかった。この点は淵田も、また島崎も気になっていたのだろう。司令長官の南雲に、

「数日、ハワイ近海に留まって、敵方の空母に打撃を与えるべき」

と意見具申したというが、南雲は耳を傾けていない。おそらく、

「ハワイ近海に留まることで、味方の空母が損傷しては一大事」

と南雲も、参謀長の草鹿も考えていたに違いない。なお、次席指揮官でもある三川軍一海軍中将による真珠湾への第二撃の意見具申にも、南雲らは耳を傾けなかった。

ともあれ、内地へ帰還した後、南雲、淵田、島崎の三人は同月二十六日、昭和天皇に御前報告を

行なう栄に浴している。以後、第一航空艦隊は南方（東南アジア）、インド洋の各地を転戦するが、同十七年四月のインド洋作戦までは連戦連勝であった。

●ミッドウェー海戦で両足を骨折

源田らが「早期のミッドウェー作戦を遂行すべきではない」と反対する中、連合艦隊司令長官の山本は耳を傾けず、第一航空艦隊の各艦は五月下旬に内地を出撃した。実は、淵田は出撃前から腹の調子が悪かったが、出撃した日の夜、盲腸炎（もうちょうえん）であることが判明する。すぐに軍医長によって艦内で手術が行なわれたが、淵田が空中指揮官としての職務につけなくなったことは、第一航空艦隊にとって不運であったといえよう。結局、艦内の戦時病室へ「入院」させられた淵田は、源田や部下の搭乗員らと作戦の細部を詰めることがまったくできなかった。

それでも、大変な苦労をして飛行甲板まで攀（よ）じ登（のぼ）り、第一次攻撃隊の隊員を激励している。

しかし、戦時病室から飛行甲板へ攀じ登る間に、一〇を超えるマンホール（ハッチ）を開け閉めしたため、淵田は疲労困憊（こんぱい）し、パラシュートを枕にして横たわる他はなかった。

その頃、南雲の命令に従って「赤城」では兵装の再転換（１２０頁「南雲忠一」、１５２頁「山口多聞（たもん）」の項参照）が続けられていたが、一瞬の脆弱（ぜいじゃく）を衝（つ）いて、敵方のＳＢＤドーントレス急降下爆撃機の編隊が「赤城」と空母「加賀」へ襲いかかる。同機の投下した爆弾はすぐ近くに命中し、淵田はその衝撃で飛行甲板に強く叩(たた)きつけられ、両足を骨折した。また、爆撃に伴う火が発進直前の九七式艦攻、九九式艦爆が抱いていた魚雷、爆弾などに次々と引火したため、「赤城」と「加賀」は一瞬にして大炎上してしまう。飛行甲板が炎に包まれる中、淵田はどうすることもできずにいたが、幸いにも水兵によって助け出され、南雲らとともに軽巡洋艦「長良(ながら)」へ移った。

●山本五十六の作戦に疑問を抱く

ミッドウェー海戦で大敗を喫したため、第一航空艦隊は翌月（七月）に解隊となった。海戦で両足を骨折した淵田は横須賀鎮守府付となり、療養に専念する。やがて、十月には横須賀航空隊教官となり、十二月からは兼海軍大学校教官となっている。この時期の淵田はまだ骨折が完治していなかったから、松葉杖(まつばづえ)を突いていた。また、淵田の『真珠湾攻撃総隊長の回想』によると、兼務でなく海軍大学校教官へ異動したのだという。

その頃、山本は機動部隊である第三艦隊の航空機、搭乗員を陸へ上げ、同十八年四月に「い号作戦」を強行した。けれども、「い号作戦」は戦果があがらず、多数の航空機、熟練した搭乗員を失ってしまう。そして、山本自身も、四月十八日に敵方の待ち伏せに遭遇して戦死した。なお、淵田はミッドウェー海戦の頃から山本の作戦に疑問を抱いていたらしい。戦後、淵田が執筆した『真珠湾攻撃総隊長の回想』を読んで驚くのは、淵田が随所で司令長官の山本の作戦を批判している点である。特に、舌鋒鋭く批判しているのは、

①ミッドウェー海戦で主力部隊を第一航空艦隊の遥か後方に置いたこと。
②同作戦で軍事的に重要ではない陸上基地を爆撃させたこと。
③「い号作戦」で搭乗員を空母から降ろして出撃させたこと。

などである。なお、淵田の著作は「山本五十六凡将論」のタネ本とされることが多い。ちなみに、戦時中、映画監督のジョン・フォードは志願してアメリカ海軍野戦撮影班員となってミッドウェー島（サンド島）へ赴くが、何とその矢先にミッドウェー海戦による空襲に遭遇し、爆弾の破片で負傷した。しかし、同年のうちに完成させたプロパガンダ映画『ミッドウェー海戦』によって、フォードはアカデミー賞（短編ドキュメンタリー部門）を受賞している。

　次いで、淵田は同十八年七月に第一航空艦隊の作戦参謀に転じるが、新たに編成された第一航空艦隊はかつてのような機動部隊ではなく、中部太平洋などの島々に点在する航空基地を指揮する陸上部隊であった。やがて、司令長官に就任した角田は同十九年二月にマリアナ諸島・テニアン島へ

司令部を移すが、その直後に太平洋艦隊による空襲を受ける。

しかし、この頃になると、アメリカ海軍はＦ６Ｆヘルキャット戦闘機などを実戦へ投入していたが、ヘルキャットの空戦性能は零戦の性能を大幅に上回るものであった。しかも、零戦の数が絶対的に不足していたのである。

以上の点を鑑み、淵田は今は敵方との交戦を避け、零戦や他の航空機を後方へ退避、温存するべきだと角田に進言した。しかし、角田は耳を傾けず、遂にはなけなしの航空機の大部分も空襲で破壊されてしまう。そんな状況下の四月、淵田は連合艦隊航空（甲）参謀に任命され、テニアン島を去った。一方、角田は七月下旬からの敵方の上陸を迎え撃つが、八月二日に戦死している。

先に触れた通り、淵田が連合艦隊航空（甲）参謀に就任したのは同年四月だったが、八月に兼南方軍参謀となり、同二十年四月に連合艦隊航空（甲）参謀兼海軍総隊参謀となる。さらに、職名は五月に海軍総隊航空（甲）参謀兼連合艦隊航空（甲）参謀に変わった。要するに、同十九年十月に海軍大佐へ進級した淵田は、同年四月から終戦まで連合艦隊航空（甲）参謀の職にあった訳である。

なお、淵田の航空（甲）参謀への就任は、司令長官・古賀峯一海軍大将の殉職の直後だった（「海軍乙事件」／70頁「福留繁」の項参照）。このため、淵田は司令部の再建、敗勢の食い止めに必死に取り組むが、時には理解に苦しむ作戦も立案している。

よく知られているように、連合艦隊は十月に空母「瑞鶴」や「千代田」など四隻を囮として、敵

方の主力を誘き出すという「捷一号作戦」を立案した。淵田の『真珠湾攻撃総隊長の回想』には、

「この囮作戦の構想は、連合艦隊参謀として、私が着想した。（中略）第三艦隊旗艦瑞鶴に小沢治三郎司令長官を訪ねて、この作戦構想を話したところ、小沢長官は大賛成で」

と記されている。この後、小沢が連合艦隊へ献策し、史上類のない囮作戦が決裁された。やがてはじまったレイテ沖海戦では戦艦三隻、「瑞鶴」「千代田」など空母四隻、「筑摩」など重巡洋艦六隻、「阿武隈」など軽巡洋艦四隻、「不知火」など駆逐艦一一隻が沈没し、ここに事実上、連合艦隊は壊滅した（註＝艦名をあげた以上の五隻は、真珠湾攻撃や特殊潜航艇「甲標的」の訓練を担当した艦艇である）。

●戦後、キリスト教の伝道でハワイへ

航空母艦瑞鶴之碑（奈良県橿原市・橿原神宮）

戦後、淵田はそれまでとはまったく別の人生を歩むことになる。転機となったのは同二十四年十二月三日のことだった。

同日、淵田は東京・渋谷駅頭でキリスト教の宣教師が配っていた冊子『私は日本の捕虜だった』をもらった。

冊子は――著者のジェイコブ・デシェーザーはアメリカ軍による同十七年四月の「ドーリットル空襲」に参加した退役陸軍伍長で、日本の捕虜となって苦しい経験をした。当初は日本人を大変憎んだが、聖書とめぐりあったことがきっかけで宣教師となり、今は大阪郊外で布教活動に従事している――という内容である。

たまたま、この日は淵田の誕生日だった。元来、淵田はキリスト教に何の関心もなかったが、後日、渋谷駅頭で聖書を購入して熟読する。こういったことがきっかけとなって同二十六年三月、淵田は四十九歳にしてキリスト教の洗礼を受けた。翌年からはアメリカ、カナダ、西ドイツ、フィンランドなどの海外や、日本国内で伝道に従事した。

特に、アメリカでの伝導は七回にも及んだというが、別のキリスト教関係者と交代で小型飛行機を操縦し、アラスカを除く全米五〇州を伝道

淵田邸跡の石碑（奈良県橿原市・市立畝傍南小学校）

して回っている。

また、ハワイには長期間滞在して特に念入りに伝道したが、アメリカ本土でも新聞、雑誌、テレビのインタビューを受け、第二次世界大戦で連合国軍最高司令官をつとめた当時のドワイト・アイゼンハワー大統領（元帥）や、太平洋艦隊司令長官をつとめたチェスター・ニミッツ元帥といった要人と面会するなどした。伝道は、

「パールハーバー（真珠湾）のフチダが来た」

ということで、どこも黒山の人だかりとなった。けれども、同二十七年十二月にシアトルの滞在先へ、戦艦「アリゾナ」で戦死した兵士の母から手紙が届く。その手紙には、

「古鼠（ふるねずみ）め、すぐに日本に帰りなさい。ここはおまえなんかの来る国でない」

と記されていた。この手紙を読んだ淵田は、

「最愛の子を失った母親は（中略）今も私を憎んでいる。無理はない。それが人情だ」

と考え、主（しゅ）に祈ったという（淵田美津雄『真珠湾攻撃総隊長の回想』）。一方、ネブラスカ州オマハの大教会では、片足に義足をつけた中年男性から話かけられた。この中年男性は真珠湾攻撃の時、ヒッカム基地で攻撃隊の空襲を受けて片足を失ったが、淵田に、

「あなたに恨（うら）みつらみをいうのではないのですよ。（中略）今晩、私のうちに泊まっていただけませんか？」

と申し出たので、淵田はその厚意に甘えている。また、同二十八年にはハワイに長期間滞在し、オアフ島に葬られている飯田房太(ふさた)海軍大尉（戦死後、二階級特進して海軍中佐）らの墓に参拝した（２０４頁「飯田房太」の項参照）。その間、アメリカ陸軍の第四百四十二部隊の追悼慰霊行進も目にしている。同部隊は日系人の部隊で、日系人たちはアメリカに忠誠を誓ってヨーロッパ戦線へ出征したが、戦死して帰還しなかった者も少なくない。さらに、淵田は、カウアイ島の滞在先で匿名(とくめい)の手紙を受け取った。差出人は日系人の二世であるらしく、そこには仮名交じりの日本語で、

「真珠湾攻撃の後、一人の兵曹が操縦する零戦がニイハウ島へ不時着し、その兵曹と日系人が死んだ。兵曹の墓に参ってあげて下さい。それが総隊長だったあなたの責務です」

といった意味のことが書かれていたという。なお、淵田はこの時まで、「飛龍(ひりゅう)」の西開地重徳(にしかいちしげのり)一等飛行兵曹（戦死後、二階級特進で海軍飛行特務少尉）がニイハウ島に不時着し、落命したことを知らなかった。ともあれ、手紙を読んで驚いた淵田は、所有者の許可を得てニイハウ島へ行き、西開地とそれを助けた日系人・原田義雄の仮埋葬の地とされる付近を探したが、土が掘り返されていて場所の特定はできなかった。

そこで、淵田はカウアイ島へ戻り、東部のカパアにある原田の妻・梅乃(うめの)アイリーン原田（以下、梅乃）の洋裁教室を訪問する。この時、淵田は落命した原田が自分と同い年であると聞き、梅乃に心から同情して詫(わ)びた。

しかし、梅乃は、「そんなに詫びて貰っては、わたし困ります」と前置きした上で、
「米軍当局がわたしたちを反逆者と決めつけるのは、少しも間違いではありません。しかしわたしたちの皮膚の下には、日本人としての血も流れています。したがって私は夫のしたことも間違いだとは思っていません」
と気丈に発言したので、淵田は「この夫人の言葉にはまったく頭が下がる思い」がしたという（淵田美津雄『真珠湾攻撃総隊長の回想』／212頁「西開地重徳」の項参照）。

その後、淵田は六十歳を超えてからも、アメリカ、カナダ、台湾、フィリピンなどへ伝道に赴いている。同四十五年に真珠湾攻撃をテーマとした映画『トラ・トラ・トラ』が完成した際には、ワールドプレミアに招待された。淵田を演じたのは俳優・田村高廣（名優・阪東妻三郎の長男）だったが、京都生まれの田村は関西弁で淵田を演じている。

なお、戦時中、旧制京都府立第三中学校（現・府立山城高校）の生徒だった田村は、中島飛行機半田製作所（愛知県半田市）での勤労奉仕で特攻機の生産に従事していたという（渡辺一雄『田村高廣の思い出』）。具体的には、田村ら府立三中の生徒は、日本海軍の艦上攻撃機「天山」などの生産に従事していたものと推測される。

晩年、大阪水交会の会長などをつとめた淵田は、同五十一年に病没した。七十三歳だった。

村田重治（しげはる）　雷撃を成功させた「赤城」の艦攻隊長

生没年＝明治四十二年（一九〇九）～昭和十七年（一九四二）。出身地＝長崎県。卒業年次＝海軍兵学校第五十八期。開戦時の階級＝海軍少佐。開戦時の配置＝空母「翔鶴（しょうかく）」飛行隊長、特第一攻撃隊長。

●参謀長や総隊長らから信頼される

昭和十六年（一九四一）十二月の真珠湾攻撃で、第一次攻撃隊の雷撃隊長をつとめた艦攻乗りである。前項でも触れたが、草鹿龍之介（くさかりゅうのすけ）海軍少将から真珠湾攻撃作戦は絶対秘密であることを告げられた淵田美津雄（ふちだみつお）海軍中佐が、村田重治（しげはる）にだけは明かしたいと申し出た際、「村田か、よかろう」と草鹿は頷（うなず）いている（１６６頁「淵田美津雄」の項参照）。草鹿は第一航空艦隊参謀長、淵田は空母「赤城」飛行隊長であり、攻撃隊全体の空中指揮官（総隊長）で、村田も「赤城」の飛行隊長である。村田が草鹿、淵田といった人々からいかに信頼されていたかが窺える話といえよう（淵田美津雄『真珠湾攻撃総隊長の回想』）。

そんな村田は現在の長崎県島原市で生まれ、旧制島原中学校（現・県立島原高校）を経て海軍兵学校に入校して卒業した（第五十八期）。同期には第二次攻撃隊で急降下爆撃隊を率いた江草隆繁（167頁「江草隆繁」の項参照）など、航空の分野で活躍した者が多い。

その後、村田は第二十五期飛行練習生となって航空の分野へ足を踏み入れ、空母「加賀」乗組、霞ヶ浦航空隊、第十三航空隊、第十二航空隊、空母「赤城」、大村航空隊の分隊長、横須賀航空隊の分隊長兼教官を歴任した。しかし、この間の同十二年十二月十二日、南京でアメリカ海軍の砲艦「パネー（パナイ）号」を誤爆し、戒告処分を受けている。

ところで、村田は部下と血の滲むような猛訓練を重ねていた。しかし、日頃からその場を和ますジョークが得意で、時には第一航空艦隊司令長官・南雲忠一海軍中将にジョークを飛ばしたこともあったという。また、大抵の搭乗員は日頃はブーツを履かないが、村田は年中、ブーツを履いていたので「ブーツの村田」と呼ばれていた（異説あり）。

●瀬戸内海での雷撃実験を成功させる

次いで、同十六年三月には横須賀航空隊分隊長兼教官のままさらに兼「翔鶴」艤装員となり、四月には兼「翔鶴」乗組となった。以後の役職は、八月に空母「龍驤」飛行隊長、九月には「龍驤」飛行隊長兼分隊長、九月に空母「赤城」臨時飛行隊長兼分隊長、十一月に「赤城」飛行隊長兼分隊長といった具合に目まぐるしく変わっている。

なお、横須賀航空隊に着任した当初から、村田は浅海面（浅い海面）での雷撃の研究をしていた。このため、第一航空艦隊航空（甲）参謀の源田実海軍中佐の強い希望で、村田は「赤城」の飛行隊長に抜擢されたのである。

そういえば、「赤城」の飛行隊長は九七式艦攻の淵田と村田、零戦の板谷茂海軍少佐と三人いたので、やがて淵田が他の飛行隊長たちから総隊長と呼ばれるにいたった。

また、「赤城」に着任した村田が最初に手がけたといわれているのが、浅海面での魚雷発射実験である。従来の九一式航空魚雷は投下後に何十メートルも水中深くへ沈下するが、これでは水深一二メートル程度の真珠湾では雷撃ができない。そんな中、愛甲文雄海軍中佐が九一式航空魚雷に框板などを取り付ける方法を開発する（98頁「愛甲文雄」の項参照）。これを受けて、村田はその九一式航空魚雷の発射実験を瀬戸内海で行ない、絶妙の速度、高度、角度で投下後の沈下を一〇メートル以内に収めることに成功した。

これで実戦投入の目処が立ったことから、連合艦隊司令長官・山本五十六海軍大将は真珠湾攻撃で村田らの雷撃隊に空母、戦艦などを雷撃させることを決意している。

なお、正式に「赤城」飛行隊長兼分隊長となった十一月、村田は海軍少佐に進級した。

●真珠湾の戦艦群に大打撃を与える

そして、同十六年十二月八日の早朝（現地時間は七日）、第一航空艦隊の第一次攻撃隊がハワイ・オアフ島上空に到着する。事前に決められた作戦では、最初に雷撃隊が空母、戦艦などを雷撃し、その後に急降下爆撃隊が爆弾を投下する手筈（てはず）になっていた。

ところが、これも前項で触れた通り（166頁「淵田美津雄」の項参照）、日本時間午前三時十分、淵田が奇襲を意味する信号用拳銃を一発放つが、制空隊が動かない。そこで、もう一発放ったが、信号二発は強襲を意味するから、急降下爆撃隊の隊長・高橋赫一（かくいち）海軍少佐が強襲と理解して雷撃隊と先を争うように真珠湾へ殺到する。以上のような、思わぬハプニングに見舞われたが、村田率いる四〇機の九七式艦攻は高度約三〇〇〇メートルから急降下を開始した。

前後したが、当日は不運にも真珠湾に空母がいなかったが、戦艦は真珠湾内のフォード島の北東の水道に、おおむね艦首を南西に向けて二列で停泊していた。その顔触れは、一列目（内側）に北東から戦艦の「ネバダ」「アリゾナ」「テネシー」「メリーランド」が、二列目（外側）に（「アリゾナ」の外側から）工作艦「ベスタル」、戦艦「ウェストバージニア」「オクラホマ」が停泊しており、一隻分、間の空いた場所に戦艦「カリフォルニア」が停泊していた。以上の配置を鑑みて、村田は雷撃隊の大部分を戦艦群の東から雷撃させている。また、麾下の各機には魚雷が沈み込まないように、村田は「海面スレスレ（＝高度一〇メートル程度）」での雷撃を厳命したが、雷撃隊の四〇機はこの高度で魚雷を発射し、発射後は戦艦の艦橋をかすめるように飛ぶ。

その直後、村田の機の発射した魚雷は、見事に敵方の戦艦へ命中した。この日、「赤城」の九七式艦攻は魚雷一二発を発射し、そのうちの一一発が「ウェストバージニア」などへ命中したという。他にも、全体で二〇本前後の魚雷が敵方の艦艇へ命中している。

ただし、いかなる理由か、第一次攻撃隊の雷撃隊では「加賀」の九七式艦攻が五機も未帰還になっている。村田や「加賀」の雷撃隊長・北島一良海軍大尉は心を痛めたことであろう。

●雷撃後に空母「ホーネット」へ体当たり

次いで、村田らの雷撃隊は休む暇のないまま南方（東南アジア）やインド洋を転戦し、連戦連勝を収めた。ところが、同十七年六月五日のミッドウェー海戦では第一航空艦隊が大敗を喫し、「赤城」などの虎の子の空母四隻を失う。ここでは戦況の推移には触れないが、司令長官である南雲の命令で「赤城」と「加賀」の九七式艦攻などが兵装の再転換（陸上用爆弾→魚雷、艦船用爆弾）を行なっている最中、敵方のＳＢＤドーントレス急降下爆撃機の編隊の爆撃を受け、両艦は一瞬にして大炎上した。出撃直前であった村田らは、切歯扼腕（せっしやくわん）したに違いない。「赤城」が沈没する中、村田は味方の艦艇に救助されて内地へ帰還している。

その後、第一航空艦隊は解隊するが、新たに機動部隊・第三艦隊が編成された。同艦隊の旗艦は空母「翔鶴」で、村田は六月中に「翔鶴」飛行隊長へ異動となり、この配置で八月の第二次ソロモン海戦、十月の南太平洋海戦に臨む。

このうち、第二次ソロモン海戦では急降下爆撃隊は出撃したものの、村田率いる雷撃隊（艦攻隊）には出番がなく、このためか思うように戦果もあがっていない。

次に、南太平洋海戦では第一次攻撃隊の雷撃隊を率い、敵方の空母「ホーネット」を雷撃する。この時、魚雷を命中させた村田の機は敵方の対空砲火により被弾した。これを認めた村田の機は他の一機とともに「ホーネット」へ突入する。村田は三十三歳であった。やがて、戦死は全軍に布告される。また、二階級特進して村田は海軍大佐になった。

なお、「ホーネット」は魚雷処分に追い込まれたが、同艦は四月の「ドーリットル空襲」の際にＢ－25ミッチェル爆撃機一六機を発進させた艦である。したがって、村田は命をなげうって同艦を魚雷処分へ追い込むことで、空襲の仇をとった恰好になる。

島崎重和　第二次攻撃隊を率いた凄腕の艦攻隊長

生没年＝明治四十一年（一九〇八）～昭和二十年（一九四五）。出身地＝大分県（奈良県）。卒業年次＝海軍兵学校第五十七期。開戦時の階級＝海軍少佐。開戦時の配置＝空母「瑞鶴（ずいかく）」飛行隊長、第二次攻撃隊長兼第六攻撃隊（水平爆撃隊）隊長。

●実兄は県知事、義兄は艦爆乗り

昭和十六年（一九四一）十二月の真珠湾攻撃で、第二次攻撃隊の隊長をつとめた艦攻（九七式艦攻）乗りである。同月二十六日には第一航空艦隊司令長官・南雲忠一海軍中将、第一次攻撃隊の隊長（総隊長）・淵田美津雄（ふちだみつお）海軍中佐と昭和天皇に戦況を御前報告する栄にも浴した。しかし、同二十年一月、フィリピンから台湾へ移動中に戦死する。戦死は全軍に布告され、当時、海軍中佐だった島崎重和は二階級特進で海軍少将になった。

そんな島崎は本籍が大分県だというが、明治四十一年（一九〇八）に生まれたのは奈良市だった。

また、本来は澤姓であったが、島崎家の養子となって島崎姓へ改姓した。

なお、内務官僚で奈良県知事などをつとめた澤重民は、島崎の実兄である。また、島崎の妻は高橋赫一海軍少佐の妹だが、この縁組は島崎の人物に惚れ込んだ高橋の強い勧めによるものという。高橋は第一次攻撃隊の第十五攻撃隊の隊長をつとめた艦爆乗りである。

それはともかく、成長後、島崎は三重県の旧制上野中学校（現・県立上野高校）、愛知県の旧制岡崎中学校（現・県立岡崎高校）を経て、海軍兵学校へ入校して卒業した（第五十七期）。島崎の同期には、第一次攻撃隊の制空隊長・板谷茂海軍少佐らがいる。

次いで、第二十三期飛行練習生を修了した島崎は、空母「加賀」、同「蒼龍」、横須賀航空隊、空母「赤城」分隊長や教官、第十四航空隊の飛行隊長を歴任する。

ちなみに、島崎のトレードマークは鼻の下のチョビ髭だった。

●新造空母二隻でのさまざまな苦労

同十六年八月、第一航空艦隊航空（甲）参謀・源田実海軍中佐は真珠湾攻撃に向けて、各地の航空隊から優秀な指揮官、搭乗員の引き抜きを開始した。島崎もこの時に引き抜かれた搭乗員の一人で、九月に「瑞鶴」飛行隊長に抜擢される。「瑞鶴」と姉妹艦の「翔鶴」は全長二五〇メートル、飛行甲板の長さが二四二メートルという当時の日本海軍を代表する大型空母で、それぞれ航空機を七二機も搭載できた（後に機数削減）。このため、「翔鶴」と「瑞鶴」、それに護衛の駆逐艦とで第一航空戦隊を編成し、「翔鶴」を第一航空艦隊の旗艦とする計画が進む。ところが、どういう訳か、「飛行甲板が極端に短い」という理由で、旗艦は「赤城」へ戻された。これは「翔鶴」と「瑞鶴」の全長が二五〇メートルなのに、飛行甲板がそれよりも八メートル短いことをいっているのだろう。

ともあれ、「翔鶴」と「瑞鶴」と護衛の駆逐艦は第五航空戦隊を編成し、戦隊の旗艦は「翔鶴」、司令官は原忠一海軍少将に決まった。真珠湾攻撃では島崎は両艦の九七式艦攻合計五四機で水平爆撃をするだけでなく、第二次攻撃隊の隊長もつとめることとなる。

しかし、「翔鶴」は八月八日の竣工（しゅんこう）（完成）で、「瑞鶴」にいたっては本来は同十七年前半の竣工予定だった。このうち、「瑞鶴」は川崎重工業神戸艦船造船所が建造していたが、同十四年九月に不意に来訪した軍令部員の高松宮宣仁（のぶひと）親王（昭和天皇の弟宮、海軍中佐）から「竣工を半年早めてほしい」という要請があった。軍隊では上官の相談、要請は命令であり、天皇が現人神（あらひとがみ）と考えられていた時代の弟宮の要請は絶対的な命令だったのである。

このため、同工場では不眠不休でどうにか約三か月早め、九月二十五日に竣工させた。この要請のおかげで、「瑞鶴」は真珠湾攻撃に間に合ったのである。ただし、二年も前の高松宮の要請は、真珠湾攻撃への「瑞鶴」の投入を前提としたものではなかったろう。

いずれにしても、「翔鶴」も「瑞鶴」も新造の空母であるから、島崎は各地の航空隊から集められた搭乗員とともに、九州の基地などで血の滲むような猛訓練を開始した。

また、島崎は第六攻撃隊（「翔鶴」）、第七攻撃隊（「瑞鶴」）の九七式艦攻五四機のみならず、第二次攻撃隊の一六七機の隊長でもあった。先に触れた通り、「翔鶴」と「瑞鶴」は全長に比べて飛行甲板が短かった。このため、各空母を発進した一六七機の航空機が上空で編隊を組む訓練など、島崎は従来にはない面で苦労が多かったろう。

●搭乗員で唯一、提督へ進級する

同十六年十二月八日の早朝（現地時間は七日）、第二次攻撃隊は真珠湾上空に到達した後、島崎が率いる水平爆撃隊、江草隆繁海軍少佐率いる急降下爆撃隊、進藤三郎海軍大尉率いる制空隊に分かれて攻撃目標に向かう。このうち、水平爆撃隊は島崎ら「瑞鶴」の二七機がオアフ島・ヒッカム基地を、「翔鶴」の二七機が真珠湾のフォード島周辺とカネオへ基地を水平爆撃した。オアフ島の南部にある真珠湾の入口の東西には小半島があったが、ヒッカム基地は東の小半島に構築された基地である。

同基地はすでに第一次攻撃隊の急降下爆撃隊、制空隊などが爆撃、銃撃を行なっていた。

それだけに敵方の対空砲火も相当のものだったが、島崎らの二七機は水平爆撃に成功した。ところで、雷撃を行なったこともあって第一次攻撃隊では九七式艦攻が五機も未帰還となったが、島崎ら五四機には未帰還がない。ただし、第二次攻撃隊では敵方の対空砲火などのために九九式艦爆、零戦に合計二〇機もの未帰還が出た。第二次攻撃隊の隊長として、島崎は心を痛めたことであろう。

次いで、真珠湾攻撃からの帰途、「翔鶴」と「瑞鶴」は第一航空艦隊の本隊から分離して、難航していたウェーキ島攻略作戦に参加した。内地に帰還後の二十六日、島崎は司令長官の南雲、第一次攻撃隊の総隊長の淵田とともに、昭和天皇に御前報告を行なう栄に浴している。

しかし、その後、アメリカ海軍の太平洋艦隊が空襲してすぐに撤退する「ヒットエンドラン作戦」を反復したため、「瑞鶴」を含む第五航空戦隊は第一航空艦隊から分離され、連合艦隊直属となって南鳥島（みなみとりしま）（マーカス島）付近で警戒に当たっている。

けれども、太平洋艦隊の空母を発見できぬまま、第五航空戦隊は第一航空艦隊へ復帰した。以後は「翔鶴」と「瑞鶴」を含む空母五隻（同「加賀」は座礁により離脱）で南方（東南アジア）、インド洋を転戦した。このうち、ウェーキ島攻略作戦では島崎が攻撃隊の隊長をつとめたが、味方の他の艦艇、陸戦隊（海軍の地上戦闘部隊）などとの合同作戦だったから気苦労が多かったに違いない。幸いにも、どこの戦闘も連戦連勝だった。

そして、休む暇もなく臨んだ五月の珊瑚海（さんごかい）海戦では、七日に二度、八日に一度出撃した。同海戦では九九式艦爆に乗り込んだ義兄・高橋が攻撃隊の隊長をつとめ、急降下爆撃隊が爆弾を二発、島崎率いる雷撃隊が魚雷二本を敵方の空母「レキシントン」に命中させた（後に駆逐艦「フェルプス」が魚雷処分）。空母を雷撃したのは島崎も、搭乗員もはじめてだったから、士気が相当あがったに違いない。しかし、同海戦で「翔鶴」と「瑞鶴」が損傷したため、六月のミッドウェー海戦には参加できないという不運に見舞われる。

再び内地へ帰還後、短期間、呉鎮守府付をつとめた後、島崎は名古屋航空隊飛行長兼教官、横須賀航空隊飛行隊長兼教官、第七百五十二航空隊飛行長、そしてフィリピンに司令部を置く第二航空艦隊先任参謀を歴任した。以上のうち、先任参謀への就任は同十九年十月で、直後に島崎は海軍中佐へ進級した。やがて、第二航空艦隊は同二十年一月八日に解隊となり、島崎は第三航空艦隊へ異動となる。

ところが、翌日、島崎はフィリピンから台湾へ向かう途中で行方不明となり、後に戦死と認定された。三十六歳であった島崎は、二階級特進で海軍少将になる。以上のように戦死後の進級ではあるが、第一次攻撃隊、第二次攻撃隊に参加した七七〇人の搭乗員の中で、島崎のみが提督となった訳である。

江草隆繁　「神様」と称えられた艦爆の名隊長

生没年＝明治四十二年（一九〇九）～昭和十九年（一九四四）。出身地＝広島県。卒業年次＝海軍兵学校第五十八期。開戦時の階級＝海軍少佐。開戦時の配置＝空母「蒼龍」飛行隊長、第十三攻撃隊（急降下爆撃隊）隊長。

●部下を叱ったことがない艦爆乗り

昭和十六年（一九四一）十二月の真珠湾攻撃で、第二次攻撃隊の九九式艦爆七八機の隊長をつとめて戦果拡大に貢献した艦爆乗りである。同十七年四月のセイロン沖海戦では、江草隆繁の指揮する艦爆隊の敵艦への爆弾命中率が八二パーセントに達した。このため、搭乗員の中には江草のことを、「艦爆の神様」、あるいは「急降下爆撃の神様」などと呼ぶ者すら現れた。もっとも、江草は、①高い爆弾命中率を誇る艦爆隊を指揮しただけではなく、②九九式艦爆による急降下爆撃の最善の方法を追求した、③艦上爆撃機「彗星」、陸上爆撃機「銀河」の実用飛行や、「彗星」による偵察、「銀河」による敵艦の爆撃、雷撃の方法を模索した、といった功績も残している。

そんな江草は明治四十二年（一九〇九）に、現在の広島県福山市で生まれた。成長後、旧制府中中学校（現・県立府中高校）を経て、海軍兵学校へ入校して卒業する（第五十八期）。同期には江草と同様に真珠湾攻撃に参加した村田重治海軍少佐らがいた。

次いで、卒業後の江草は第二十四期飛行学生となり、第十二航空隊分隊長、空母「龍驤（りゅうじょう）」分隊長、横須賀航空隊分隊長兼教官などを歴任する。ところで、江草は当初、艦攻（艦上攻撃機）の搭乗員として水平爆撃、雷撃の訓練を積んだが、源田実海軍中佐らが考案した急降下爆撃に強い関心を持ち、艦爆の搭乗員へと転じた。

陸上爆撃機「銀河」
（出典：『沖縄方面海軍作戦』〔戦史叢書 17〕）

夜間戦闘機「極光」のプロペラ（愛媛県佐多町・須賀公園）。「極光」は「銀河」のエンジンを「火星」二五型二基に換装し、斜銃二挺を追加して夜間戦闘機としたもの。昭和六十三年に近くの海中でみつかった

やがて、昭和十二年九月の中国・南京の爆撃に出撃し、同十四年十月に横須賀航空隊へ移ってからは急降下爆撃の訓練、研究に没頭する。

戦後、部下であった人物などが語っているところによると、江草は肝の座った謹厳（寡言）実直な性格で、部下を頭ごなしに叱るなどということは一度もなかった。注意をする際などは穏やかに諭すのが常であったため、部下は全員、そんな江草に心酔したという。

風貌は穏やかな顔だちだが眉は太く、見事なカイゼル髭を蓄えていた。また、「連合艦隊随一の酒豪」といわれた時期もあったとされている。私生活の面では、江草は岡村基春海軍少佐の強い勧めで、岡村の妹を妻に迎えている（媒酌は大西瀧治郎海軍少将夫妻）。

●艦爆隊七八機で敵方の軍艦を爆撃

同十六年八月以降、第一航空艦隊航空（甲）参謀の源田は、真珠湾攻撃に備えて有能な搭乗員を各地の航空隊から引き抜いた。江草もこの時に引き抜かれた搭乗員の一人で、同年八月に飛行隊長として「蒼龍」へ着任する。翌々月（十月）、江草は海軍少佐へ進級した。そういえば、真珠湾攻撃時に江草が乗り込んだ九九式艦爆の機体には、火焔に似た派手な赤色、もしくは濃緑色の地に虎の縞模様が塗装されていたという。

そして、同十六年十二月八日の早朝（現地時間では七日）、江草を含む第二次攻撃隊の九九式艦爆七八機が真珠湾上空へ到着した時、敵方は態勢を整えたらしく、対空砲火は熾烈を極めていた。にも拘わらず、江草は編隊を率いて砲弾が飛び交う高度四〇〇〇メートル付近まで降下し、上空を一周する。けれども、一見、無謀とも思える江草の判断は、第一次攻撃隊の戦果の確認、第二次攻撃隊の攻撃目標の決定には不可欠のものだった。

その上で、江草は麾下の七七機に対し、高度三五〇〇メートル付近などから損傷が少ないと思われた戦艦「アリゾナ」「ペンシルベニア」「ネバダ」などへの二五〇キロ爆弾の投下を命じている。この日、「蒼龍」の艦爆一七機は真珠湾に停泊中の「アリゾナ」などへ爆弾を命中させるなど戦果拡大に貢献した。

一方、江草の九九式艦爆は被弾し、燃料タンクから燃料が漏れる。一時は、「母艦にたどり着けないのではないか?」という思いも脳裏をよぎるが、どうにか「蒼龍」へ着艦を果たしている。なお、やはり対空砲火が熾烈を極めていたために、江草を含む七八機中、一四機が被

沈みゆく空母「ハーミーズ」

（出典：『蘭印・ベンガル湾方面海軍進攻作戦』〔戦史叢書 26〕）

弾などにより未帰還となる。以上のうち、「蒼龍」の未帰還は二機であった。江草も心を痛めたであろう。

しかし、休む暇のないまま、「蒼龍」と姉妹艦の空母「飛龍」は同月のウェーキ島攻略作戦、同十七年一月のアンボン空襲、四月のセイロン沖海戦などを転戦する。いずれも連戦連勝だったが、特にセイロン沖海戦ではイギリス海軍の空母「ハーミーズ」を沈没させた。急降下爆撃で八二パーセントという命中率をあげたのは、この時のことである。

●大敗の中でも抜群の判断力をみせる

以上のように、真珠湾攻撃以来、江草率いる急降下爆撃隊はどの作戦でも高い命中率を誇ったのだが、何と同十七年六月のミッドウェー海戦では活躍の機会に恵まれていない。

ここでは戦況の推移について踏み込んで触れないが、「蒼龍」は敵方が投下した爆弾が命中し、瞬時に大炎上する。実は、「蒼龍」の急降下爆撃隊は第二次攻撃隊として発進する直前だったというから、江草も切歯扼腕（せっしやくわん）したに違いない。また、自身も母艦の大炎上に巻き込まれて火傷（やけど）を負い、海を泳がされた後、幸いにも駆逐艦に救いあげられている。

ただし、江草は火傷を負う前、「蒼龍」に搭載されていた偵察用の十三試艦上爆撃機（後の艦上爆撃機「彗星」）二機を発進させた。江草は同艦爆の試験飛行などにも関わっていたといわれ、ミッドウェー海戦で二機が「蒼龍」へ搭載されていたのも江草の進言とみる向きが多い。大敗を喫したミッドウェー海戦だが、江草の抜群の判断力で九九式艦爆の後継機の実戦投入の目処が立ったという点では、「一縷の光明を得た」感がある。

●陸爆「銀河」で機動部隊へ突入

江草は同海戦の翌月（七月）に横須賀航空隊付兼教官となり、八月には横須賀航空隊飛行隊長兼教官となった。次いで、同十八年七月に第五百二十一航空隊飛行隊長に就任したが、その前後には陸上爆撃機「銀河」の試験飛行も行なっている。この「銀河」は双発の陸爆で、一一型で最高速度時速約五四六キロメートルという高速だった。しかも、水平爆撃だけでなく、急降下爆撃、雷撃もできるという高性能の陸爆だったのである。

もっとも、「銀河」はエンジンの不調などが続いたことが原因で、搭乗員の訓練も思うに任せていない。そんな中、第五百二十一航空隊は、同十九年四月からマリアナ諸島・グアム島へ進出を命ぜられた。ところが、六月十一日には敵方の空襲で同航空隊の「銀河」九六機の大部分が失われた。さらに、十五日に敵方のサイパン島への上陸作戦もはじまる。

同日、連合艦隊司令長官・豊田副武司令長官は、「あ号作戦」の遂行を命令する。この「あ号作戦」は基地航空部隊である第一航空艦隊などと、機動部隊である第三艦隊の戦力を集中させて、敵方の機動部隊、攻略部隊を撃滅しようという作戦であった。

同日（十五日）、江草は第五百二十一航空隊の「銀河」八機（機数に異説あり）などを率いてヤップ島から発進し、マリアナ諸島沖にいた敵方の機動部隊への攻撃を試みる。

しかし、敵方はレーダーで江草らの機の動きを完全に把握していたし、対空砲火もＶＴ（近接信管）で命中率が格段に向上していた。

事実、敵方は江草らの「銀河」のうち、七機を撃墜したと伝えられている。江草の「銀河」もこの日、未帰還となり、戦死と認定された。一説に、江草の「銀河」は五〇〇キロ爆弾を空母へ命中させたが、対空砲火の砲弾、もしくは戦闘機の銃弾を浴びて墜落したという。江草は三十四歳であった。後に、江草は二階級特進して海軍大佐となっている。

飯田房太　被弾後に敵施設へ突入した零戦隊長

生没年＝大正二年（一九一三）～昭和十六年（一九四一）。出身地＝山口県。卒業年次＝海軍兵学校第六十二期。開戦時の階級＝海軍大尉（戦死後、二階級特進して海軍中佐）。開戦時の配置＝空母「蒼龍（そうりゅう）」分隊長、第三制空隊長。

●闘志を体内に秘めた「お嬢さん」

零戦の搭乗員として日中戦争で活躍し、支那（しな）方面艦隊司令長官から表彰されたこともあった。真珠湾攻撃では第二次攻撃隊で第三制空隊（空母「蒼龍」）中隊長をつとめたものの、敵方の対空砲火を受けて被弾し、自爆した。真珠湾攻撃で戦死した搭乗員五十数人のうち、海軍大尉で戦死したのは飯田と空母「加賀（かが）」の牧野三郎、鈴木三守（みもり）の両海軍大尉の三人だが、牧野は九九式艦爆の操縦で海軍兵学校第六十期、鈴木は九七式艦攻の操縦で第六十四期だった。日本海軍では階級が上の者、その階級へ先に進級した者を先任という。明治四十四年（一九一一）生まれの牧野は昭和十三年に海軍大尉に進級した。翌年、大尉へ進級した飯田は、年齢も大尉に進級したのも二番目なのだが、最期の様子が詳しく伝えられているのは飯田だけである。

そんな飯田は現在の山口県周南市で生まれ、旧制徳山中学校（現・県立徳山高校）を経て海軍兵学校へ入校して卒業する（第六十二期）。このうち、天下の秀才が集まる海軍兵学校では、卒業成績が前から五番という優秀なものだった。けれども、試験のために猛勉強をするようなことはなく、成績や席次には無頓着だったと伝えられている。また、日頃から大変物静かであったため、「お嬢さん」という綽名を頂戴していたという。しかも、運動も得意だが怒りを露わにせず、闘志をうちに秘めるタイプの海軍軍人であった。

海軍兵学校を卒業した後は軽巡洋艦「那珂」乗組を経て、第二十八期飛行学生を修了する。次いで、大村航空隊、佐伯航空隊、第十四航空隊の勤務を経て、空母「蒼龍」乗組、霞ヶ浦航空隊教官兼筑波航空隊教官、筑波航空隊分隊長兼教官などを歴任し、日高盛康海軍少尉や、後に飯田とともに真珠湾攻撃に参加する藤田怡与蔵海軍少尉（以上、当時）らを指導した。また、昭和十五年（一九四〇）九月に第十二航空隊に転じて中国戦線へ出征し、十月には自身の愛機を含む零戦八機で中国・成都の長距離攻撃に参加する。

この日、飯田率いる零戦隊は「向かうところ敵なし」の感があり、敵方の航空機一〇機を撃墜した。支那方面艦隊司令長官・島田繁太郎海軍大将から表彰されたのはこの時ことだが、飯田は喜んだ顔一つみせず、日中戦争が長期化している点、中国奥地の主要都市を占領する目処(めど)がまったくない点などを嘆いたという。この間、飯田は海軍大尉に進級する。

●被弾後に格納庫めがけて突入

同年十一月、飯田は今度は分隊長（中隊長）として、第二航空戦隊の「蒼龍」に着任する。なお、真珠湾攻撃の制空隊では零戦三機で小隊、小隊三個で中隊が編成された。また、第二次攻撃隊の制空隊は、「赤城」が第一制空隊（九機）、「加賀」が第二制空隊（九機）、「蒼龍」が第三制空隊（九機）、「飛龍(ひりゅう)」が第四制空隊（八機）とされたので、飯田は第三制空隊長ということになる（「翔鶴」と「瑞鶴」からは零戦は出撃せず）。

そして、同十六年十二月八日の早朝（現地時間は七日）、攻撃を終えて引き揚げる第一次攻撃隊と入れ替わるかたちで、第二次攻撃隊の各機がオアフ島上空へ到着した。軍艦などの炎上に伴う黒煙で視界が悪い中、第一制空隊長の進藤三郎海軍大尉、飯田らは敵方の戦闘機を求めて上空六〇〇〇メートル付近を一周する。おそらく、第一次攻撃隊の爆撃、銃撃が功を奏したのだろう。幸いにも、この時、上空には敵方の戦闘機は認められなかった。

そこで、かねてからの手筈(てはず)通り、飯田は八機を率いて敵方の基地の銃撃に着手する。目標は同島にあったアメリカ海軍太平洋艦隊のカネオヘ基地、陸軍のベローズ基地で、零戦の二〇ミリ機銃で滑走路や格納庫の航空機を破壊、炎上しようとしたのである。

前後したが、零戦の武器は主翼に二〇ミリ機銃×二挺、機首に七・七ミリ機銃×二挺だった。なお、零戦が中国戦線、太平洋戦争前半に「向かうところ敵なし」だったのは、速度や空戦能力に加えて、この二〇ミリ機銃の威力が大きく「モノをいった」からである。

それはともかく、当初、飯田らは真珠湾の東北東にあるカネオヘ基地へ向かい、水上機三機を銃撃した。次いで、カネオヘ基地の南東（真珠湾の真東）にあるベローズ基地へ目標を転じ、滑走路横にずらりと並んでいたＰ－36ホーク戦闘機などを銃撃する。

しかし、零戦は数分間二〇ミリ機銃（弾丸数各六〇発）を撃ち続けると弾切れになってしまう。先に獲物（＝地上の敵機）が少ないカネオヘ基地を銃撃し、後で獲物の多いベローズ基地を銃撃したのがよくなかったのだろう。ベローズ基地を銃撃する頃には第三制空隊の零戦の多くの二〇ミリ機銃が弾切れとなってしまい、やむなく威力の低い七・七ミリ機銃での銃撃しかできなくなる。思うように銃撃の効果が上がらない中、飯田は零戦の翼を振った。これは「集合せよ」という意味だったから、第三制空隊は上空で集合した。

この時、同隊の第二小隊長をつとめていた藤田（当時、海軍中尉）は、飯田の零戦が対空砲火によって被弾し、タンクから燃料が漏れているのを発見する。

その時、飯田は藤田に向かい、「我、自爆ス」という手信号を送り、やがて単機でカネオへ基地へ戻り、格納庫へ向けて突入する。時刻は現地時間九時三十分だったという。なお、「格納庫へ突入し、自爆した」と書いてある本が多いが、実際には飯田の零戦は同基地付近の舗装（ほそう）道路へ激突後、炎上する。その直後、飯田は同基地の隊員によって零戦から助け出されたが、すでに絶命していたようである。飯田は二十八歳だった。また、同じ小隊の厚見（あつみ）峻海軍一等飛行兵曹（へいそう）、石井三郎同二等飛行兵曹も未帰還で、戦死と認定された。後に、攻撃隊の戦死者は多くが二階級特進となったので、飯田は海軍中佐へ進級する。

ちなみに、飯田の自爆に関しては――燃料タンクの損傷はそれ程でもなく、母艦にたどり着くことも可能だった。しかし、進んで自爆する道を選んだ――という異説もある。

なお、映画『トラ・トラ・トラ』（昭和四十五年）には、零戦の搭乗員（配役＝和崎俊哉（しゅんや））が被弾後に自爆するシーンがある。おそらく、この人物のモデルは飯田に違いない。

ところで、真珠湾攻撃での零戦の未帰還は、第一次攻撃隊では「赤城」で一機、「加賀」で二機、第二次攻撃隊では「加賀」で二機、「蒼龍」で三機、「飛龍」で一機だった。つまり、零戦の未帰還は第一攻撃隊は三機だったのに、第二次攻撃隊では倍増している。

対空砲火が熾烈になることが予測できたのに零戦に地上の軍事施設、航空機の銃撃を命じたのは、明らかに第一航空艦隊司令部の判断ミスであった。事実、第一次攻撃隊では雷撃のために低空飛行をした九七式艦攻に五機の未帰還が出ているが、第二次攻撃隊では九七式艦攻は上空からの水平爆撃のみだったので未帰還はゼロである。逆に、対空砲火が一段と熾烈になった第二次攻撃隊で急降下爆撃を行なった九九式艦爆に一四機、地上銃撃を行なった零戦に六機の未帰還を出してしまう。やはり、第二次攻撃隊の零戦に地上銃撃を命じたのは、明らかに第一航空艦隊司令部の判断ミスであった。

何よりも、制空隊には他の九七式艦攻、九九式艦爆の護衛という任務もあるのに、限られた零戦の銃弾で地上銃撃をさせるのも程々にすべきだったと思う。事実、飯田の自爆後に中隊を率いた藤田は、追撃してきたＰ－36ホーク戦闘機を残りの銃弾でどうにか撃墜している。

なお、自爆を目の当たりにしたカネオへ基地の隊員らは、飯田の勇猛さに感銘したのだろう。翌日、敵兵であるはずの飯田の遺骸を、自軍の戦死者とともに手厚く葬っている。

平成二十八年（二〇一六）十二月、当時の安倍晋三（しんぞう）総理大臣が岸田文雄外務大臣、稲田朋美防衛大臣とカネオへ基地を訪問し、飯田の記念碑へ献花した。安倍は翌日のスピーチで飯田の武功を称えると同時に、アメリカの人々が飯田の記念碑を建立してくれた点に敬意を表している。

第6章　運命に翻弄された不運な若武者たち

西開地重徳(にしかいちしげのり)　敵地へ不時着し落命した零戦搭乗員

生没年＝大正九年（一九二〇）～昭和十六年（一九四一）。出身地＝愛媛県。卒業年次＝海軍甲種(こうしゅ)飛行予科練習生第二期。開戦時の階級＝海軍一等飛行兵曹(へいそう)（戦死後、二階級特進して海軍飛行特務少尉）。開戦時の配置＝空母「飛龍(ひりゅう)」乗組、第四制空隊第十二小隊。

●予科練を経て零戦の搭乗員となる

第二次攻撃隊の制空隊員(せいくうたい)として真珠湾攻撃へ参加したが、被弾によりハワイ・ニイハウ島へ不時着し、住民との争いの末に落命したという悲劇の零戦乗りである。西開地重徳(にしかいちしげのり)の不時着から住民との争い、落命までの出来事をニイハウ島事件というが、さまざまな事情でこの事件は生家の人々などへは知らされていなかった。

そんな西開地は大正九年（一九二〇）に現在の愛媛県今治(いまばり)市波止浜(はしはま)で生まれ、少年時代は作家・山中峯太郎(みねたろう)の軍事小説『敵中横断三百里』などを読んで軍人となることを夢見ていたという。この

『敵中横断三百里』は日露戦争での建川挺身斥候隊の活躍をテーマとした作品で、作者の山中は陸軍士官学校出身という異色の経歴を持つ人物である。その一方で西開地は、病気の母をいたわる、心優しい少年であった。

やがて、旧制今治中学校（現・県立今治西高校）へ進学した西開地は、海軍甲種飛行（甲飛）予科練習生（いわゆる予科練）に合格する。昭和十六年（一九四一）十二月の真珠湾攻撃当時の西開地は二十一歳で、階級は海軍一等飛行兵曹（一飛曹）であった。以上のうち、海軍甲種飛行予科練習生は日本海軍の飛行兵養成制度の一つで、同十三年六月に入隊した西開地は第二期の練習生である。その頃、予科練はまだ横須賀航空隊にあったから、西開地は横須賀航空隊で厳しい訓練を受け、卒業後は零戦の搭乗員として大分航空隊などで訓練を重ねている。

それにしても、予科練入隊が同十三年六月で、同十六年十二月には下士官の最上位である一等飛行兵曹へ進級していたというのだから、甲飛予科練卒業生の進級がいかに早かったかがわかる。当時の全国の若者が「桜に錨」の予科練の制服に憧れたのも頷けよう。

次に、事件の舞台となったニイハウ島（面積約一七九平方メートル）はハワイ諸島の八つの主要な島の一つだが、真珠湾攻撃の主戦場となったオアフ島からは北北西に約二〇〇キロメートルも離れた場所に位置し、事件当時はハワイ人と、少数の白人、日系人が住んでいた。このため、驚くことに十二月七日早朝（以下、日付は現地時間）の第一航空艦隊による爆撃、アメリカ軍の対空砲火の轟音はニイハウ島ではまったく聞こえず、また電話や無線もないためにアメリカ軍やハワイ準州（当時）からの警報発令もなかったという。

●不時着後に書類を奪われ、落命する

日米開戦間近とみられていた同十六年五月、西開地は第二航空戦隊の空母「飛龍」の搭乗員となり、十二月の真珠湾攻撃に第二次攻撃隊の一員として参加した。

この時、西開地を含む「飛龍」の第四制空隊九機に与えられた任務は、オアフ島にあったアメリカ軍のカネオへ基地、ベローズ基地の攻撃である。攻撃の終盤、同制空隊の第十二小隊二番機である西開地は、飯田房太海軍大尉率いる第二航空戦隊の空母「蒼龍」の第三制空隊九機とともにベローズ基地の滑走路脇に並ぶ敵機へ銃撃を加えた。

けれども、奇襲が成功した第一次攻撃隊と異なり、第二次攻撃隊はアメリカ軍の対空砲火、戦闘機による迎撃などを受けて被弾する機が続出する。事実、第一次攻撃隊では未帰還となったのは九機（うち零戦は三機）だったが、第二次攻撃隊では未帰還が二〇機（うち零戦は六機）と倍増した。西開地の零戦も対空砲火、もしくは重巡洋艦「ノーザンプトン」の水上偵察機二機の銃撃により被弾し、「飛龍」へ帰り着けなくなる。

なお、搭乗員に対しては被弾などによって母艦へ帰り着けないと判断した場合、ニイハウ島へ着陸し、沖合で待機している潜水艦「伊号第七十四」の救助を待つようにという指示が出されていた。その指示に従い、西開地はニイハウ島に不時着する。ところが、「伊号第七十四」は真珠湾攻撃の直後に敵方の空母「サラトガ」の追撃を命じられ、早々と同島沖を去っていた。したがって、西開地がいくら待っても救援の潜水艦はこない訳である。

また、不運なことに西開地は不時着の前後、所持していた拳銃と書類とを住民に奪われてしまう。書類には「飛龍」をはじめとする第一航空艦隊の待機場所を記した地図、暗号表などが含まれていたものと推測されるが、仮にこれがアメリカ軍の手に渡ったならば第一航空艦隊はアメリカ軍の追撃を受ける可能性がある。そう判断した西開地は住民の原田義雄（よしお）に協力を求め、書類を取り戻そうとした。原田はハワイ生まれの日系二世である。

他方、別の日系人によって書類の返還交渉が行なわれたが、返還は実現しなかった。業（ごう）を煮やした西開地は十二日、機密保持のために零戦を焼く。

そして、十三日の朝、西開地と、その立場に同情した原田は散弾銃と、取り戻した拳銃とで武装し、別の住民夫妻を捕らえるなどして書類の取り戻しを企てる。ところが、豈（あに）はからんや、西開地と原田が油断した一瞬の隙に夫妻は逆襲に転じ、特に妻は勇敢にも柔道二段の西開地が持つ拳銃を叩（たた）き落としたり、石で西開地の頭を殴打（おうだ）するなどした。

結局、西開地はこの時に落命するのだが、死因については夫妻の逆襲による過失致死とする説と、拳銃による自殺とする説とがあって判然としない。これに対して、原田は西開地の落命後、進退窮(きわ)まって散弾銃で自殺したと伝えられている。ただし、当事者である西開地と原田がともに落命したため、この事件に関しては不明な箇所や異説が少なくない。

また、ハワイ生まれの日系二世が日本海軍の搭乗員に協力したという事実は、アメリカの政治家、軍人に大きな衝撃を与えた。一説に、このニイハウ島事件の発生によってアメリカの政治家、軍人は日本人、日系人を警戒するようになり、それが日系人の強制収容につながったという。もっとも、アメリカ大統領であるフランクリン・ルーズベルト、アメリカ陸軍などは事件の詳細な報告を受ける以前に、すでに日系人の強制収容の方針を決めていた。故に、ニイハウ島事件と日系人の強制収容との間には因果関係がない訳である。

●知られていなかったニイハウ島事件

第一航空艦隊が日本に凱旋(がいせん)した後、日本海軍は西開地が被弾後、自爆したものとみなして戦死認定し、一旦は海軍飛行兵曹長(へいそうちょう)（陸軍准尉(じゅんい)に相当）へ進級させる。そんな矢先の同十七年三月、特殊潜航艇「甲標的(こうひょうてき)」で戦死した特別攻撃隊の九人がいずれも二階級特進し、さらに新聞などが九人を「九軍神」と称えた。

やがて、「飛龍」をはじめとする第一航空艦隊の関係者のみならず、国民からも、

「真珠湾攻撃で戦死した搭乗員たちも、同様に二階級特進させるべき」

という声があがる。かかる声を無視できなくなったのか、日本海軍は五十数名の搭乗員をさらに一階級進級させたから、結果として二階級特進ということになった。これに伴い、西開地は海軍飛行兵曹長からさらに一階級進級して海軍飛行特務少尉となる。

なお、軍隊の将兵は士官（将校）、準士官、下士官、兵という具合に厳格に区分されていた。西開地が戦死した当時、日本海軍では海軍少尉までが士官で、準士官に海軍兵曹長、下士官に海軍一等兵曹、同二等兵曹、同三等兵曹があった。ちなみに、下士官は同十七年十一月にそれぞれ海軍上等兵曹、同一等兵曹、同二等兵曹に改められている（以上、日本陸軍の陸軍曹長、同軍曹、同伍長に相当）。また、下士官、準士官から進級した士官は、海軍兵学校出身の士官と区別してこの当時は特務士官とされていたのである。

いずれにしても、西開地が真珠湾攻撃で戦死したことが報じられて以降、生まれ故郷である波止浜町（当時）では供養、顕彰活動が活発になった。具体的には、同十七年十二月には町葬（町が主催する葬儀）が行なわれたが、その町葬では、

「其ノ崇高ナル尽忠報国ノ精神ト壮挙無比ナル武勲ヲ追憶シ哀惜ノ情ニ堪ヘズ」

などという内容の連合艦隊司令長官・山本五十六海軍大将の弔辞も代読された。また、町葬では西開地は軍神扱いで、円蔵寺には功績を記した見事な墓石が建立されている。なお、墓石の周辺の整地、石垣の構築は、西開地の父が手がけた。

ところで、乗っていた特殊潜航艇「甲標的」が座礁し、捕虜となった酒巻和男海軍少尉の場合と同様、零戦がニイハウ島へ不時着し、搭乗員が落命した事実もハワイの英字新聞や、アメリカ本土のラジオ放送などで報じられたという。当然、日本海軍も朧げながらニイハウ島事件発生の事実は把握していたに違いないが、西開地の生家に伝えられることはなかった。

何しろ、西開地は郷里で軍神扱いされているのである。おそらく、

「事件のことを公にして、西開地の名誉を傷つけるようなことがあってはならない」

と海軍省あたりの担当者が考えたのだろう。また、

「事件のことを公にして、ミッドウェーでの大敗が国民に知られても困る」

というのも、西開地の最期が生家へ伝えられなかった理由の一つかも知れない。

ちなみに、『海軍』同十九年八月号には、作家・山岡荘八がニイハウ島事件をテーマとした短編小説を発表している。ただし、山岡が西開地の氏名や出身地、母艦の名などに一切触れなかったため、この短編小説の主人公のモデルが西開地だという点には、西開地の生家の人々も、また波止浜の人々も気がつかなかった。

●奇跡的に西開地の遺骨が生家へ

ニイハウ島で落命した西開地と原田の遺体は、終焉の地の近くに仮埋葬された。同日、原田の妻である梅乃アイリーン原田（以下、梅乃）は国家反逆罪の容疑で身柄を拘束され、後にオアフ島のサンドアイランド収容所へ入れられた。同収容所の婦人キャンプ（宿舎）近くの小屋には、はからずも捕虜第一号となった酒巻もいた（224頁「酒巻和男」の項参照）。酒巻との会話は禁止されていたというが、体操の際の挨拶、短い立ち話は黙認されていたという。

しかし、梅乃と酒巻とが、挨拶や言葉を交わしたことがあったのか否かは不明である。また、警備兵に「自決のチャンスを与えてほしい！」と嘆願し続けていた酒巻は、日系人の呼びかけに反応しなかったという。その後、梅乃は、

「不時着したパイロットに救いの手を差し伸べただけ」

という主張を繰り返すが、オアフ島のホノウリウリ収容所へ移されて監禁された。そこから保釈されたのは同十九年だったが、その保釈も夫の弟・タダヨシ原田がアメリカに忠誠を誓い、兵士としてヨーロッパ戦線へ出征してようやく実現したものである。

やがて、梅乃は洋裁の特技を活かしてカウアイ島に洋裁教室をオープンさせ、三人の子供を大学、専門学校へ通わせた。次いで、同二十一年、梅乃はヨーロッパから無事に凱旋した義弟・タダヨシ

とともに、夫と、西開地の遺骨を引き取る決意をする。

実は、アメリカ軍に身柄を拘束されてニイハウ島を出たが、以後、ずっと収容所にいたために梅乃は夫の墓参をしたことがなかった。また、ニイハウ島は昔も今も全島を個人が所有していることから、墓参や遺骨の引き取りにも許可が必要だったのである。

それでも、タダヨシの奔走(ほんそう)で、夫の遺骨引き取りが実現した。この時、梅乃は、

「西開地の遺骨を郷里の四国へ送ってあげたい」

と申し出たが、梅乃が何度頼んでも、引き取りに立ち会ったアメリカ軍の担当者が許可しなかっという。この後、結果として西開地の遺骨は一時、行方不明となる。

ところで、西開地の不時着、落命の事実が広く知られるようになった経緯は、実にドラマチックである。前後したが、本項は西開地の弟の西開地良忠氏、奥様から御提供いただいた資料と、ジャーナリスト・東山半之助(とうやまはんのすけ)の『ざっくばらん　この道三十年』（同四十年）、ノンフィクション作家・牛島秀彦の『二人だけの戦争』（同五十五年）の記述、ならびに今治市立中央図書館の方々の調査に負う面が多い。

それはともかく、同三十年頃、両親や兄弟をはじめとする西開地の生家の人々は、

「真珠湾攻撃の時、波止浜出身の零戦の搭乗員が、ニイハウ島に不時着して落命した」

という噂話に接する。以上の噂話は同十七年の交換船でアメリカから帰国した天野なる人物が、

翌年、四国で語ったものが十数年も経ってから生家の人々の耳に達したのだという。その天野なる人物はアメリカの収容所で、「波止浜出身の零戦の搭乗員が〜」という話を聞いたというが、交換船でアメリカから帰国した人物ということになると在ホノルル総領事館員・森村正こと軍令部員・吉川猛夫海軍少尉（予備役）と面識があったとみるべきであろう（91頁「吉川猛夫〔森村正〕」の項参照）。

無論、真珠湾攻撃に参加した「波止浜出身の零戦の搭乗員」といえば西開地以外には考えられないが、この時点ではまだニイハウ事件の細かい内容までは伝えられていなかったらしい。

また、同三十年にハワイを訪問した東山は、たまたま現地の人々から、

「ゼロファイター（零戦）のパイロットが、ニイハウ島へ不時着し、落命した」

という話を聞かされた。東山は高松市の四国新聞社の社長をつとめたこともある気骨あるジャーナリストである。これを機に調査に乗り出した東山と、縁戚で親友の山陽新聞社西条支局長の林弘とは、そのパイロットの名が西開地重徳であること、現在の今治市波止浜の生まれであること、旧制今治中学校から予科練へ進んだこと、零戦で真珠湾攻撃に参加したことなどを突き止める。

さらに、東山は西開地の遺骨の行方にも関心を持ち、在ホノルル総領事館などへも問い合わせた。その結果、アメリカ軍から総領事館へ、

「西開地の遺骨の行方はわからない。ただし、ハワイで亡くなった日本軍人は九六人だが、九一柱

の遺骨を同二十一年十二月、浦賀港（神奈川県横須賀市）で神奈川県庁の復員課へ引き渡した。また、九一柱の遺骨のうち、身元不明の遺骨は二柱だった」

という内容の回答があった。

実は、東山や、梅乃らハワイの関係者、総領事館の総領事、館員も知らなかったのだが、アメリカ軍当局は西開地の遺骨を適切に扱っていたのである。すなわち、アメリカ軍は同二十一年、梅乃による遺骨引き取りを許可しなかったが、心ある軍人がいたのだろう。

西開地の遺骨は一旦、カウアイ島のアメリカ陸軍墓地へ埋葬された後、再び掘り出されて他の九〇柱の遺骨とともに同年十二月、船で浦賀港まで運ばれていたのである。

以後、遺骨は復員課の英霊奉安室に安置されていた。また、遺骨が入った骨壺には、〝JAPANESE SOLDIER UNKNOWN NIHAU ISLAND, X -1（日本軍兵士、身元不詳、ニイハウ島、

故海軍飛行特務少尉西開地重徳之墓
（愛媛県今治市・円蔵寺）

Ｘ―１）〃

という付箋（ふせん）が貼られていたという。Ｘ―１というのは「身元不詳第一号」といった意味だが、太平洋戦争中にニイハウ島へ足を踏み入れた日本の軍人は西開地ただ一人である。結局、島名が決め手となり、Ｘ―１が西開地の遺骨と確認された。

以上のような経緯で所在が判明した西開地の遺骨は、同十六年十一月に「飛龍」に乗り込んで日本を出撃してから十五年目に、郷里・今治市波止浜の生家へ無言の帰宅を果たした。生家の人々や、梅乃、東山をはじめとする関係者の熱意が、奇跡的な遺骨の帰郷につながった感がある。

同二十八年、第一航空艦隊の総隊長だった淵田美津雄（ふちだみつお）がハワイを訪問した際、カウアイ島で梅乃に会い、深く詫びたという。その後、梅乃は公の場に出ることはほとんどなかったが、真珠湾攻撃から五十年を経た平成三年（一九九一）に日本のテレビ局のインタビューに応じた。

現在、オアフ島・真珠湾内のフォード島にある真珠湾太平洋航空博物館には、西開地の手で焼かれた零戦の機体が展示（静態保存）されている。

酒巻和男　「捕虜第一号」となった「甲標的(こうひょうてき)」艇長

生没年＝大正七年（一九一八）～平成十一年（一九九九）。出身地＝徳島県。卒業年次＝海軍兵学校第六十八期。開戦時の階級＝海軍少尉。開戦時の配置＝特殊潜航艇「甲標的」艇長。

●乗り込んだ「甲標的」が真珠湾内で座礁

艇付の稲垣清海軍二等兵曹(へいそう)（二曹）とともに特殊潜航艇「甲標的」で真珠湾へ突入したものの、羅針儀(らしんぎ)（ジャイロコンパス）の故障、敵艦の攻撃などが原因で艇が座礁し、アメリカ軍の捕虜となって生き延びたという若者である。

そんな酒巻和男は大正七年（一九一八）に現在の徳島県阿波(あわ)市で生まれ、海軍兵学校へ入校して卒業する（第六十八期）。海軍兵学校の同期には、同じく「甲標的」で真珠湾へ突入した広尾彰(あきら)海軍少尉（戦死後、二階級特進して海軍大尉）、「紫電改三羽烏(しでんかいさんばがらす)」の一人として活躍した鴛淵(おしぶち)孝海軍少尉や、戦後、直木賞作家となる艦爆（九九式艦爆）乗りの豊田穣海軍少尉などがいた。

当初、航空の分野に進みたいと考えていた酒巻だが、「甲標的」の搭乗員募集を耳にしてすぐさま応募する。やがて水上機（甲標的）母艦「千代田」艦長・原田覚海軍大佐の指導の下、岩佐直治海軍大尉や広尾らとともに三机湾（愛媛県伊方町）などで厳しい訓練に従事した（１０４頁「原田覚」の項参照）。

そして、真珠湾攻撃では稲垣とともに潜水艦「伊号第二十四」で真珠湾の湾口まで行き、そこで「甲標的」に乗り込んで昭和十六年（一九四一）十二月六日（以下、日付は現地時間）に出撃する。

ところが、羅針儀の故障、駆逐艦「ヘルム」の攻撃などにより座礁し、「甲標的」を放棄せざるを得なくなる。前後したが、方向を知るのに不可欠な羅針儀は出撃前から故障していたため、「伊号第二十四」の艦長・花房博志海軍中佐は「出撃は無理」と考えた。しかし、酒巻が出撃を強く主張したことから根負けし、花房は困難を承知で出撃させてしまう。後に、酒巻が捕虜になったことを知り、花房は大いに後悔したに違いない。

意気込みとは裏腹に、七日に座礁した後、酒巻は機密保持のために「甲標的」を爆破し、稲垣と上陸を目論んだ。しかし、

真珠湾攻撃での「甲標的」搭乗員。前列右端が酒巻和男
（出典：『ハワイ作戦』〔戦史叢書 10〕）

気の毒なことに稲垣は波に攫(さら)われて行方不明となる。

一方、酒巻は失神して海岸へ漂着したところを、アメリカ陸軍の兵士に発見された。偶然にもその兵士は日系人だったが、はからずも酒巻は日本人の捕虜第一号となってしまう。

●捕虜となってハワイからアメリカ本土へ

ハワイでの捕虜生活を強いられた酒巻は、当初は拷問(ごうもん)同様の厳しい取り調べを受けた。第一航空艦隊による真珠湾攻撃でアメリカの軍人や軍属、市民ら約二四〇〇人が命を落としたからであろう。アメリカ軍の兵士の中には捕虜の虐待を禁止したジュネーブ条約に違反して、酒巻の顔に火の付いた煙草(たばこ)を押しつける者もいた。さらに、収容されている軍施設に押しかけ、「サカマキを出せ!」と叫ぶ者も現れる。幸いにも、この時は収容所の警備兵が拳銃の威嚇(いかく)射撃で追っ払ってくれた。

それでも、敵国の捕虜となったことを恥じた酒巻が、警備兵らに「自決のチャンスを与えてほしい!」と懇願(こんがん)したことも一再ではなかったという。

しかし、警備兵らはそれを認めず、逆に胸を張って生きるよう励ましてくれる。これを受けて、当初、戸惑っていた酒巻もやがて自決を諦(あきら)め、後には自決を口にする日本人の捕虜に翻意(ほんい)を促すまでになっている。さらに、酒巻は捕虜を代表するかたちで、率先して収容所側との交渉役をかって出るなどした。

なお、酒巻は当初、オアフ島のサンドアイランド収容所へ入れられたが、後にアメリカ本土の収容所へ移される。そして、同十九年四月四日、アメリカ・シカゴ近郊のスパルタ駅で他の日本人捕虜に訓示を行なっていた際、同期の豊田と再会した。九九式艦爆の搭乗員だった豊田は、前年（同十八年）四月七日の「い号作戦」の際にソロモン諸島・サボ島沖で敵機に撃墜され、二日後にニュージーランドの哨戒艇（しょうかいてい）に発見されて捕虜となっていたのである。酒巻、豊田らはウィスコンシン州のマッコイ収容所などで終戦まで過ごし、同二十一年三月に輸送船で日本へ帰国した。

●自らの体験を『捕虜第一號』にまとめる

豊田は収容所内で小説を執筆し、捕虜の間で好評を得ていたが、戦後は「中日新聞」の記者として活動を開始する。そんな矢先、豊田は酒巻と会い、捕虜になって以降の酒巻のことを紙上で紹介した。それを目にしたある読者の紹介で、酒巻は豊田自動車工業へ入社する。元来、酒巻は真面目で勤勉であったが、捕虜だった時に率先して収容所側との交渉役をかって出たことで英語も得意になっていた。加えて、当時の日本人の中で誰よりもアメリカ人気質（かたぎ）、ヤンキー魂を熟知していたことがよい方向に作用したのであろう。酒巻は豊田自動車工業輸出部次長、さらにブラジルに赴任（ふにん）して現地法人であるトヨタ・ド・ブラジル社長、ブラジルの日系商工会議所専務理事、などといった要職を歴任した。

余談ながら、現在の静岡県湖西市出身のトヨタグループ創業者・豊田佐吉(さきち)の姓は「とよた」と読み、現在の岐阜県瑞穂(みずほ)市出身の作家・豊田穣(本名の読みは「みのる」)の姓は「とよだ」と読む。

要するに、両者は親戚ではなく「アカの他人」なのだが、戦後、新聞記者のまま作家となった豊田がブラジルを訪問した際、酒巻が同期の豊田のことを、「セニョール・トヨタ」と紹介したので、「重役が来たのか?」とトヨタ・ド・ブラジルの社員たちは緊張したという(豊田穣「豊田姓の人々」『別冊歴史読本・事典シリーズ』第十一号)。

この間の同二十四年に酒巻は、収容所での出来事を『捕虜第一號』として世に問うている。この『捕虜第一號』は大変反響が大きく、以後も版を重ねた。近年も私家版のかたちで、関係者の手で増補改訂版が発行されている。また、『捕虜第一號』は翻訳の上でアメリカで刊行されたが、やはりアメリカでも大変反響が大きかったと聞く。

さらに、同期の豊田も酒巻からの取材や右の『捕虜第一號』をもとに、中編小説『真珠湾・その生と死——特殊潜航艇の戦い』を発表した。この作品は豊田としても特に思い入れが強いからであろう。後に、『豊田穣文学/戦記全集』(第一巻)の冒頭に収録されている。

ちなみに、豊田とともに敵機に撃墜され、捕虜となった祖川兼輔(かねすけ)海軍上等飛行兵曹(陸軍曹長(そうちょう)に相当）は、戦後、航空自衛隊員となって三等空佐（陸海軍の少佐に相当）に昇進する。ところが、同五十一年に突如、割腹自殺を遂げて周囲の人々を驚かせた。豊田の代表作の一つ『割腹　虜囚ロッキーを越える』（のち『豊田穣文学／戦記全集』〔第二十巻〕に収録）は割腹自殺に強い衝撃を受けて執筆したもので、この作品には戦後、豊田がかつて酒巻、祖川らと起居したマッコイ収容所跡を訪問した時のことも記されている。

その後、帰国した酒巻は昭和時代末期、豊田自動車（豊田自動車工業の後身）を退職する。そして、平成十一年（一九九九）に愛知県豊田市で病没した。八十一歳であった。

なお、同二十三年にはＮＨＫで酒巻を主人公としたドラマ『真珠湾からの帰還』が放送された。この作品では俳優・青木崇高（女優・優香の夫）が、酒巻を熱演している。

ところで、本項の序盤で触れた通り、酒巻は座礁後、機密保持のために「甲標的」を爆破した。しかし、「甲標的」の硬い外殻までは破壊することができなかったらしく、当時の写真にはほぼ損傷のない「甲標的」のフォルムが写っている。また、酒巻らの「甲標的」とは別に、アメリカ軍は昭和三十五年に真珠湾から「甲標的」を引き揚げ、翌年、日本へ返還した。

現在、その「甲標的」は海上自衛隊第１術科学校（広島県江田島市）の教育参考館前に展示されている。酒巻や豊田はもちろん、本書で取り上げた人物の大部分が卒業した海軍兵学校は、同二十年の廃校まで現在の海上自衛隊第１術科学校の場所にあった。

資料編

真珠湾攻撃参加兵力表(Ⅰ)

〔日本海軍・連合艦隊／参加艦艇表〕

機動部隊／指揮官＝南雲忠一海軍中将（第一航空艦隊司令長官）

空襲部隊（第一航空艦隊）／司令長官＝南雲忠一海軍中将

第一航空戦隊／司令官＝司令長官直率

空母「赤城」、同「加賀」

第二航空戦隊／司令官＝山口多聞海軍少将

空母「蒼龍」、同「飛龍」

第五航空戦隊／司令官＝原　忠一海軍少将

空母「瑞鶴」、同「翔鶴」

警戒隊／指揮官＝大森仙太郎海軍少将（第一水雷戦隊司令官）
　第一水雷戦隊／司令官＝大森仙太郎海軍少将
　　軽巡洋艦「阿武隈」
　第十七駆逐隊／司令＝杉浦嘉十海軍大佐
　駆逐艦「谷風」、同「浦風」、同「浜風」、同「磯風」
　第十八駆逐隊／司令＝宮坂義登海軍大佐
　駆逐艦「陽炎」、同「不知火」、同「霞」、同「霰」
（第五航空戦隊）
　駆逐艦「秋雲」

支援部隊／指揮官＝三川軍一海軍中将（第三戦隊司令官）
　第三戦隊／司令官＝三川軍一海軍中将
　　戦艦「比叡」、同「霧島」
　第八戦隊／司令官＝阿部弘毅海軍少将
　　重巡洋艦「利根」、同「筑摩」

哨戒隊／指揮官＝今和泉喜次郎海軍大佐（第二潜水隊司令）
潜水艦「伊号第十九」、同「伊号二十一」、同「伊号二十三」
補給隊／指揮官＝大藤正直海軍大佐（「極東丸」特務艦長）
給油艦「極東丸」、同「健洋丸」、同「国洋丸」、同「神国丸」、同「東邦丸」、
同「東栄丸」、同「日本丸」
特別攻撃隊／指揮官＝佐々木半九海軍大佐（第三潜水隊司令）
潜水艦「伊号第十六」、同「伊号十八」、同「伊号二十」、同「伊号二十二」、
同「伊号二十四」
ミッドウェー破壊隊／指揮官＝小西要人海軍中佐（第七駆逐隊司令）
駆逐艦「潮」、同「漣」
給油艦「尻矢」

真珠湾攻撃参加兵力表(II)

〔日本海軍・連合艦隊／先遣部隊参加艦艇表〕

先遣部隊（第六艦隊）／司令長官＝清水光美海軍中将

第一潜水部隊（第一潜水戦隊）／司令官＝佐藤勉海軍少将

潜水艦「伊号第九」、同「伊号第十五」、同「伊号第十七」、同「伊号第二十五」

第二潜水部隊（第二潜水戦隊）／司令官＝山崎重暉海軍少将

潜水艦「伊号第七」、同「伊号第一」、同「伊号第二十三」、同「伊号第四」、

同「伊号第五」、同「伊号第六」

第三潜水部隊（第三潜水戦隊）／司令官＝三輪茂義海軍少将

潜水艦「伊号第八」、同「伊号第七十四」、同「伊号第七十五」、

同「伊号第六十八」、同「伊号第六十九」、同「伊号第七十」（沈没）、

同「伊号第七十一」、同「伊号第七十二」、同「伊号第七十三」

註＝「伊号第七十」は十二月九日十九時以降、消息を絶ち、沈没と認定された。

特別攻撃隊――真珠湾攻撃参加兵力表(I)「特別攻撃隊」の項参照

要地偵察隊／指揮官＝各潜水艦長
　潜水艦「伊号第十」、同「伊号第二十六」

真珠湾攻撃参加兵力表(III)

〔アメリカ海軍・太平洋艦隊／参加艦艇表〕

註＝潜水艦、給油艦などの艦艇を除く。なお、隻数、損傷の度合いには異説がある。

真珠湾在泊艦艇
　沈没（放置、廃棄）
　　戦艦「カリフォルニア」、同「オクラホマ」、同「アリゾナ」、同「ウェストバージニア」、標的艦「ユタ」、敷設艦「オグララ」

沈没（着底。後に浮揚して戦線復帰）

戦艦「ネバダ」、工作艦「ベスタル」

大破

軽巡洋艦「ローリー」、駆逐艦「カッシン」、同「ダウンズ」、同「ショー」

中破

戦艦「テネシー」

小破

戦艦「ペンシルベニア」、同「メリーランド」、水上機母艦「カーチス」、同「ダンジール」、軽巡洋艦「ヘレナ」、同「ホノルル」

無傷

重巡洋艦「セントルイス」、同「フェニックス」、駆逐艦22隻、敷設艦11隻、

真珠湾不在艦艇

無傷

戦艦「コロラド」、空母「レキシントン」、空母「エンタープライズ」、

重巡洋艦2隻、駆逐艦11隻

主要参考文献一覧

註＝紙幅の関係で事典、年表、通史、雑誌論文、新聞記事などは割愛した。

酒巻和男『捕虜第一號』新潮社、昭和24年
福留　繁『史観・真珠湾攻撃』自由アジア社、昭和30年
吉川猛夫『東の風、雨――真珠湾スパイの回想』講談社、昭和38年
東山半之助『ざっくばらん　この道三十年』日本教文社、昭和40年
防衛庁防衛研修所戦史室編『ハワイ作戦』朝雲出版社、昭和42年
淵田美津雄『真珠湾攻撃』河出書房新社、昭和42年
宇垣　纏『戦藻録』原書房、昭和43年
佐々木半九、今和泉喜次郎『鎮魂の海　実録・特殊潜航艇決戦全記』読売新聞社、昭和43年
福留　繁『海軍生活四十年』時事通信社、昭和46年
草鹿龍之介『一海軍士官の半生記』光和堂、昭和48年
淵田美津雄、奥宮正武『ミッドウェー』朝日ソノラマ、昭和49年

防衛庁防衛研修所戦史室編『大本営海軍部・連合艦隊』〔1〕朝雲出版社、昭和50年
草鹿龍之介『連合艦隊参謀長の回想』光和堂、昭和54年
牛島秀彦『二人だけの戦争　真珠湾攻撃零戦と日系二世移民の悲劇』毎日新聞社、昭和55年
萬代久男編『空母飛龍の追憶』飛龍会、昭和59年
新人物往来社編『山本五十六のすべて』新人物往来社、昭和60年
ゴードン・プランゲ、土門周平他訳『真珠湾は眠っていたか』〔全3巻〕講談社、昭和61〜62年
吉田俊雄、佐藤和正他『日本海軍の名将と名参謀』新人物往来社、昭和61年
豊田　穣『豊田穣文学／戦記全集』〔全20巻〕光人社、平成2〜5年
淵田美津雄、奥宮正武『機動部隊』朝日ソノラマ、平成4年
高松宮宣仁親王『高松宮日記』〔全8巻〕中央公論新社、平成7〜9年
生出　寿『源田実　航空作戦参謀』徳間書店、平成7年
海軍歴史保存会編『日本海軍史』〔全11巻〕同会、平成7年
新人物往来社戦史室編『日本海軍指揮官総覧』新人物往来社、平成7年
源田　實『真珠湾作戦回顧録』文藝春秋／文庫、平成10年
原　勝洋『真珠湾　1941・12・7』学習研究社、平成10年
藤田怡与蔵、吉川猛夫他『証言真珠湾攻撃』光人社／NF文庫、平成11年

森　史朗『運命の夜明け　真珠湾攻撃全真相』潮書房光人社、平成15年
サミュエル・モリソン、大谷内一夫訳『モリソンの太平洋海戦史』光人社、平成15年
太平洋戦争研究会編『真珠湾攻撃』新人物往来社、平成15年
中村秀樹『本当の特殊潜航艇の戦い』光人社／NF文庫、平成19年
淵田美津雄『真珠湾攻撃総隊長の回想　淵田美津雄自叙伝』講談社／文庫、平成19年
太平洋戦争研究会編『真珠湾攻撃の真実』新人物往来社、平成21年
秋元健治『真珠湾攻撃・全記録』現代書館、平成22年
吉良敢、吉野泰貴『真珠湾攻撃隊隊員列伝』大日本図書、平成23年
『歴史読本』編集部編『日米開戦と山本五十六』新人物往来社、平成23年
『丸』編集部編『山本五十六と連合艦隊司令部』光人社／NF文庫、平成24年
愛甲文雄、福岡政治他『日米開戦と真珠湾攻撃秘話』中央公論新社／文庫、平成25年
日本海軍研究会、青木康洋『図説日本海軍提督コレクション』竹書房、平成25年
岸本鹿子治、大八木静男他『海軍水雷戦隊』潮書房光人社、平成28年
朝熊利英他『変わりダネ軍艦奮戦記』潮書房光人社、平成29年
シド・ジョーンズ、高木晃治訳『ニイハウ・ゼロ　帰還できなかった零戦の記録』双葉社、平成30年

川口素生（かわぐちすなお）

歴史研究家。1961年、岡山県生まれ。

岡山商科大学商学部、法政大学文学部史学科卒業。

法政大学名誉教授・村上直博士に師事。

『明智光秀は生きていた！』『女子マラソン強豪列伝』（ベストブック）、『太平洋戦争海軍提督100選』『日本海海戦101の謎』『山本勘助101の謎』（PHP文庫）、『（新装版）小和田家の歴史』（KADOKAWA）など歴史、武道、スポーツに関する著書多数。

日米開戦と海軍の将兵たち
山本五十六と真珠湾攻撃

2021年5月28日 第1刷発行

著　　者	川口 素生
発 行 者	千葉 弘志
発 行 所	株式会社ベストブック 〒106-0041 東京都港区麻布台3-4-11 麻布エスビル3階 03（3583）9762（代表） 〒106-0041 東京都港区麻布台3-1-5 日ノ樹ビル5階 03（3585）4459（販売部） http://www.bestbookweb.com
印刷・製本	中央精版印刷株式会社
装　　丁	町田貴宏

ISBN978-4-8314-0243-1 C0021